Élaboration d'un système d'automatisme

Chaker Abdeljaoued

Élaboration d'un système d'automatisme

et de régulation d'une unité d'aérocondenseur de vapeur d'eau en replacement d'un condenseur de vapeur à eau de mer

Éditions universitaires européennes

Impressum / Mentions légales

Bibliografische Information der Deutschen Nationalbibliothek: Die Deutsche Nationalbibliothek verzeichnet diese Publikation in der Deutschen Nationalbibliografie; detaillierte bibliografische Daten sind im Internet über http://dnb.d-nb.de abrufbar.

Information bibliographique publiée par la Deutsche Nationalbibliothek: La Deutsche Nationalbibliothek inscrit cette publication à la Deutsche Nationalbibliografie; des données bibliographiques détaillées sont disponibles sur internet à l'adresse http://dnb.d-nb.de.

Coverbild / Photo de couverture: www.ingimage.com

Verlag / Editeur:
Éditions universitaires européennes
ist ein Imprint der / est une marque déposée de
OmniScriptum GmbH & Co. KG
Heinrich-Böcking-Str. 6-8, 66121 Saarbrücken, Deutschland / Allemagne
Email: info@editions-ue.com

Herstellung: siehe letzte Seite /
Impression: voir la dernière page
ISBN: 978-613-1-55785-9

DEDICACES

A celle qui a consacré sa vie à l'éducation de ses enfants,

A celle pour qui éducation rime avec rigueur et travail,

Aux sacrifices qu'elle a faits pour sa famille,

A celle qui m'a élevé avec amour et tendresse,

A celle qui a toujours cru en moi,

A ma chère défunte mère,

A mon cher père qui n'a cessé de me soutenir,

A mes frères,

A mes amis,

Je dédie ce modeste travail.

Remerciements

Je tiens à remercier dans un premier temps la direction générale d'EPPM qui m'a bien accueilli au sein de son établissement.

Je remercie vivement mes encadreurs d'entreprise ; Monsieur Ridha ROMDHANE et Monsieur Mohamed Lassaâd ISSAOUI pour m'avoir permis d'user de leurs précieux temps malgré les lourdes responsabilités qu'ils endossent en tant que chefs de départements, je leur suis reconnaissant pour les conseils utiles qu'ils m'ont prodigué.

J'adresse également mes remerciements chaleureux à mes encadreurs à l'INSAT ; Monsieur Jawhar GHOMMAM et Monsieur Slim KADDECHE pour leurs soutien continuel et leurs encouragements tant précieux.

Je tiens à témoigner toutes ma gratitude à tous les membres d'EPPM, particulièrement : Mohamed, Sahbi, Hbib, Tayeb et Sofiane.

Sommaire

Nomenclature

Cm : couple de rotation de l'arbre moteur, N.m
Cp : chaleur massique, KJ/Kg
Cp_v : chaleur massique de vapeur, KJ/Kg
Cr : couple de rotation du ventilateur, N.m
Da : diamètre de l'ailette, m
de : diamètre extérieur du tube, m
di : diamètre intérieur du tube, m
H : pertes de charges, bar
h : coefficient d'échange de chaleur global, W/K.m^2
he : coefficient d'échange par convection à l'extérieur du tube, W/K.m^2
hi : coefficient d'échange intérieur du tube à ailettes, W/K.m^2
I : courant de commande du variateur de vitesse, A
l : longueur des tubes, m
l_{ac} : longueur caractéristique de l'ailette, m
Lc : chaleur latente de condensation, KJ/Kg
Lv : chaleur latente de vaporisation, KJ/Kg
m : débit massique, Kg/s
m_a : débit volumique d'air refoulé par le ventilateur, m^3/s
m_c : débit massique de condensat, Kg/s
m_v : débit massique de vapeur dans les faisceaux, Kg/s
n_t : nombre moyen de tubes par rang
P : pression, bar
P_t : pas transversal du faisceau, m
Pm : puissance mécanique fournie par le moteur, W
Pr : puissance mécanique reçue par le ventilateur, W
Pt : puissance de condensation de vapeur, W
Q : débit massique de vapeur, Kg/s
Qm : débit massique de vapeur de maintien en température, Kg/s
$\boldsymbol{Re}$: résistance d'encrassement extérieure, m^2.K/W
$\boldsymbol{Ri}$: résistance d'encrassement intérieure, m^2.K/W
S : surface globale d'échange, m^2
Sa: surface d'échange du tube avec ailettes par mètre de tube, m
Sas : surface d'échange des ailettes seules par mètre de tube, m
Se : surface d'échange extérieure des tubes sans ailettes, m^2
Si : surface d'échange intérieure, m^2
T : température, K
T_{1e} : Température de la vapeur à l'entrée de l'échangeur, K
T_{2s} : Température de l'air à la sortie de l'échangeur, K
T_{1s} : Température de l'eau à la sortie de l'échangeur, K
T_{2e} : Température de l'air à l'entrée de l'échangeur, K
V : vitesse de la vapeur d'eau dans les tubes, m/s
Vm : vitesse de rotation de l'arbre moteur, tr/mn
Vr : vitesse de rotation du ventilateur, tr/mn
δ_a : épaisseur de l'ailette, m
ΔTm : moyenne logarithmique des différences de températures, K
ε : erreur acceptable
ζ : coefficient d'anisothermie
η_f: efficacité de l'ailette
η_g: efficacité globale de la surface à ailettes
λ : conductivité thermique, W/m.K
μ : viscosité dynamique, Kg/m.s
v_p : viscosité cinématique de l'air, m^2/s
ρ : masse volumique, Kg/m^3
ρ_p : masse volumique de l'air, Kg/m^3
φ : flux de chaleur échangée, W
ψ : fraction de vide

Abréviations

ABB : Asea Brown Boveri (multinationale Norvégienne, leadeur dans les technologies d'automatisation)

API : Automate Programmable Industriel

CEE : Cascade Energy Engineering

CPG : Compagnie des Phosphates de Gafsa

CPI : Controlleur Permanant d'Isolement

CPU : Central Processing Unit

DCS: Distributed Control System

EPPM : Engineering Procurement and Project Management

GCT : Groupe Chimique Tunisien

HMI: Human Interface Machine

MCC: Motor Control Center

P&ID: Piping and Instrumentation Diagram

PLC : Programmable Logic Controller

PMP : Plan de Management Projet

RMF: Relais Multi Fonction

SCADA : Supervisory Control And Data Acquisition

TEMA : Tubular Exchanger Manufacturers Association

TOR: Tout Ou Rien

TSP : Triple Super Phosphate

VSD: Variable Speed Drive

Liste des figures

Liste des tableaux

Introduction Générale

L'industrie minière en Tunisie ne cesse d'évoluer et la demande croissante en engrais et produits chimique contribue à la croissance de l'économie tunisienne ; cette évolution a pour conséquences l'apparition de nouvelles technologies de production et de transformation.

La Tunisie est le cinquième producteur mondial de phosphate avec une production annuelle d'environ 8 millions de tonnes, cette activité est plus que centenaire pour l'extraction du phosphate par la Compagnie des Phosphates de Gafsa (CPG) et plus que cinquantenaire dans le domaine de sa valorisation en divers engrais minéraux par le Groupe Chimique Tunisien (GCT).

Le GCT, un des principaux groupes industriels en Tunisie, compte quatre pôles industriels dont un des plus importants est situé à Skhira ; ce pôle intègre une usine d'acide phosphorique dont la fonction est de produire de l'acide phosphorique par un procédé d'attaque par acide sulfurique.

La matière passe par plusieurs étapes de transformation et nécessite des équipements fiables et performants ; la modernisation et le remplacement de certains équipements sont devenus une nécessité pour assurer des cadences de production de plus en plus élevées.

C'est dans ce cadre que s'inscrit mon projet de fin d'études qui consiste en l'élaboration d'un système d'automatisme et de régulation d'une unité d'aérocondenseur de vapeur d'eau en remplacement d'un condenseur de vapeur à eau de mer.

Nous exposons dans le présent rapport quatre grands chapitres décrivant les volets principaux de notre projet de fin d'études :

Le premier chapitre englobera la présentation de l'entreprise d'accueil où nous avons effectué l'étude, et la présentation de l'entreprise cliente bénéficiaire du projet.

Nous décrirons par la suite l'unité d'aérocondenseur à implanter afin de pouvoir assimiler la suite du travail. Un cahier des charges et un planning d'exécution feront le guide d'enchainement des taches de ce projet.

Dans le deuxième chapitre, nous expliciterons le principe de marche de l'équipement et les phénomènes physiques régissant son fonctionnement ; une étude thermodynamique soutiendra la démarche que nous avons adoptée.

Le troisième chapitre sera une description du système de contrôle, commande et supervision ; nous y présenterons son architecture et ses composants et nous traiterons les blocs et diagrammes fonctionnels utiles lors de la phase de manipulation du logiciel d'automatisme.

Le dernier chapitre de ce rapport (chapitre IV) traitera la partie programmation de ce projet. Les étapes de la programmation de l'unité d'aérocondenseur, qui fera l'objet de notre travail, seront détaillées et expliquées et nous y décrirons les ressources logicielles utilisées.

Chapitre I
_____

PROBLEMATIQUE

&

PRESENTATION DE L'UNITE
D'AEROCONDENSEUR

Introduction

Dans ce premier chapitre, nous procéderons à une présentation de l'entreprise d'accueil. Nous enchainerons par une présentation des aérocondenseurs, puis une formulation du cahier des charges.

En effet, nous commencerons par décrire l'aérocondenseur en citant ses différents composants et en décrivant son fonctionnement. Par la suite, nous présenterons les différents systèmes de contrôle commande qui gèrent le fonctionnement de l'aérocondenseur et nous ferons une description du système choisi. Finalement, un cahier des charges suivi d'un planning d'exécution détaillé sera exposé, tenant compte de la problématique soulevée.

1 Présentation de l'entreprise d'accueil : EPPM

EPPM, abréviation de Engineering Procurement & Project Management, est une société anonyme fondée en 1993, elle offre des services d'Ingénierie, Approvisionnement, Gestion de projet et opère pour réaliser des projets clés en main dans le secteurs suivant :

- Traitement des eaux
    - Traitement des eaux usées,
    - Traitement de l'eau claire,
    - Traitement des déchets solides,
    - Dessalement,
    - Arrangement hydraulique.
- Pétrole & Gaz
    - Centre de traitement de Pétrole
    - Centre de traitement de Gaz
    - Injection d'eau
    - Injection de Gaz
    - Pipelines
- Industrie
    - Construction d'usines,
    - Montage d'unités industrielles

EPPM compte à son actif plusieurs références en Tunisie et à l'étranger, notamment en Nord Afrique. Ses prestations vont des études de bases et de détails jusqu'aux projets clés en main. Elle offre plusieurs services ; étude, approvisionnement, commissioning et pilotage de projets.

EPPM regroupe plusieurs filiales répartis dans le monde ; EPPM Algérie, EPPM Lybian branch, EPPM KSA branch, ENTRAC international (management de projets), I2E (Ingénierie de l'Environnement et de l'Energie) et EAM (étude d'impact sur l'environnement et gestion des sites contaminés).

EPPM a mis en place des procédures de Management de Projets conformément aux référentiels internationaux incluant : ISO 9001 V2000, ISO 14001, OHSAS 18001.

A chaque Projet correspondent un PMP (Plan de Management Projet) et des procédures spécifiques (lorsque nécessaire) sont développées.

Chaque projet est organisé de la façon suivante :

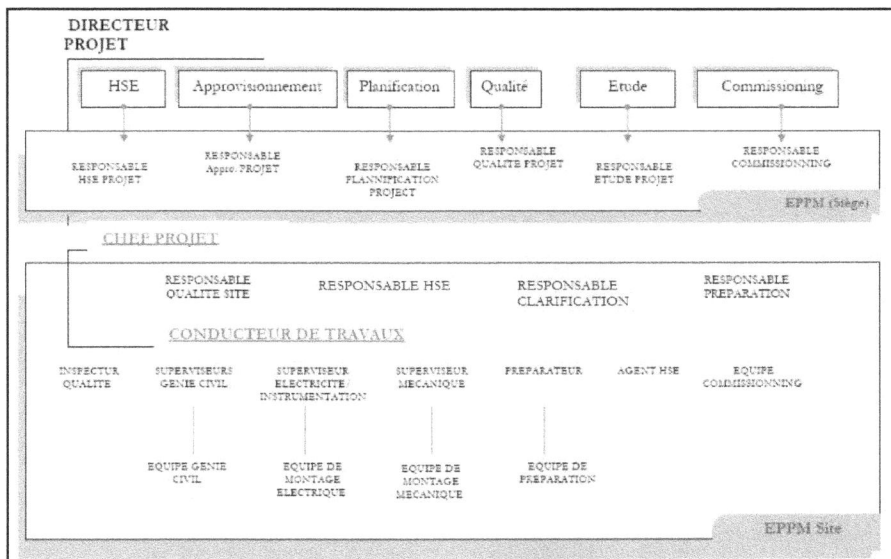

Figure 1 : Organigramme Projet EPPM

La société est considérée comme un leader dans la réalisation de projets clés en main en Nord Afrique et notamment en Algérie où elle est le principal entrepreneur de la SONATRACH ; considérée comme le 12ème groupe pétrolier au niveau mondial et 3ème exportateur de gaz naturel. EPPM est une des principales sociétés d'ingénierie et de réalisation en Tunisie, elle a plusieurs projets en cours notamment pour le Groupe Chimique Tunisien (GCT) ; pour lequel notre projet sera réalisé.

2 Présentation de l'entreprise cliente: GCT

Le Groupe Chimique Tunisien (GCT) est une entreprise publique tunisienne dont l'objet est de produire et de transformer le phosphate extrait en Tunisie en produits chimiques tels que l'acide phosphorique ou les engrais.

Il résulte de la fusion d'entreprises opérant dans les domaines de l'extraction du phosphate (Compagnie des Phosphates de Gafsa) et de la transformation de celui ci (Société industrielle d'acide phosphorique et d'engrais à Sfax, Industries chimiques maghrébines à Gabès, Société arabe des engrais phosphatés et azotés à Gabès, Engrais de Gabès et Industrie chimique de Gafsa) entre 1992 et 1994. [1]

Figure 2 : Site du GCT à Skhira [1]

Ce groupe industriel, parmi les principaux du pays, exploite le phosphate dont la Tunisie est le cinquième producteur mondial (huit millions de tonnes en 2004). Ce phosphate est transformé dans quatre pôles industriels du sud du pays. [1]

Si la production est concentrée dans le bassin minier de Gafsa au niveau d'une dizaine de carrières à ciel ouvert réparties sur cinq centres miniers (Gafsa, Métlaoui, Mdhila, Redeyef et Moularès) , l'essentiel de sa transformation, à l'exception d'une usine à Mdhila, est réalisée dans des usines situées dans les zones industrialo-portuaires de Sfax, Gabès et Skhira, sur le golfe de Gabès.

Sfax possède la première usine de transformation du phosphate, la SIAPE, inaugurée en 1952. Il s'agit d'une usine produisant du TSP (Triple Super Phosphate) à partir de l'acide phosphorique et ce par des procédés qui lui sont propres sous la dénomination de « procédés SIAPE ». Elle est située au sud de Sfax mais un programme de délocalisation est lancé le 8 avril 2008, en raison de la pollution engendrée au sein d'une zone urbaine. La NPK, autre usine implémentée juste à côté du port commercial de Sfax a, quant à elle, été fermée et son site fait l'objet d'un vaste projet de dépollution (Projet Taparura). Sfax est également le port d'exportation du phosphate brut du pays et le principal port pour l'exportation des produits chimiques. Il possède un quai de 830 mètres pour un bassin de 10 mètres de tirant d'eau, ce qui lui permet d'accueillir des minéraliers de 35 000 tonneaux. La capacité journalière de chargement peut atteindre 10 000 tonnes. [1]

Skhira possède une usine de production d'acide phosphorique ainsi qu'un port en eaux profondes (tirant d'eau de 15 mètres).

3 Description de l'aérocondenseur

3.1 Définition

Certaines usines ou centrales de production d'électricité sont équipées d'installations utilisant de la vapeur d'eau et ont besoin de la condenser pour réutiliser l'eau dans un circuit d'utilisation, la condensation de cette vapeur se fait par différentes méthodes de refroidissement ; une des méthodes les plus utilisées est le refroidissement dans un appareil appelé aérocondenseur.

Les aérocondenseurs peuvent être employés quand on veut utiliser l'air comme agent réfrigérant pour condenser une vapeur qui doit rester contenue dans un circuit étanche.
Ils se distinguent des aéroréfrigérants du type sec indirect en ce sens que : [2]

- Dans les aéroréfrigérants, l'eau (ou un autre fluide fonctionnellement équivalent), qui est elle-même utilisée comme agent réfrigérant de la vapeur à condenser dans un condenseur eau-vapeur est refroidit (le système est dit « *indirect* » à cause du circuit d'eau intermédiaire entre l'atmosphère et le condenseur) et il n'y a pas changement d'état du fluide à refroidir;

- Dans les aérocondenseurs, la vapeur à condenser est traitée sans agent intermédiaire (le système est dit *« direct »*) et il y a changement d'état du fluide à refroidir.

Figure 3 : Vue en 3D de l'aérocondenseur (gauche) et aérocondenseur sur site (droite)

3.2 Principe de réalisation

Des tubes ailetés extérieurement, parcourus intérieurement par la vapeur à condenser et extérieurement par l'air atmosphérique, agent réfrigérant, sont utilisés.

Le condensat est récolté en bas des tubes, généralement repris par une pompe d'extraction et renvoyé au circuit d'utilisation.

L'air qui circule à l'extérieur peut être véhiculé soit par tirage mécanique, soit par tirage naturel. La solution « tirage mécanique » (ventilateurs) a toujours été celle utilisée jusqu'à ce jour, les puissances thermiques évacuées s'étendant entre quelques mégawatts et un maximum d'environ 1 000 MW. [3]

3.3 Justification d'emploi [2]

La raison fondamentale du choix d'un aérocondenseur, tout comme d'un aéroréfrigérant, est **l'absence d'eau**, d'où la demande du client de changer l'ancienne installation fonctionnant à l'eau de mer.

Comparée à celle de l'aéroréfrigérant (indirect), la mise en œuvre de l'aérocondenseur (direct) présente les autres **avantages** suivants :

- Réduction de la surface d'échange et réduction corrélative de la surface d'implantation. La figure 4 traduit le fait que, à égalité de températures air et vapeur, l'écart moyen efficace est plus grand dans l'aérocondenseur (figure 4a) que dans l'aéroréfrigérant (figure 4b), cela résultant de ce que le flux thermique est échangé une seule fois dans le système direct, alors qu'il est échangé deux fois dans le système indirect.

- Économie d'un circuit secondaire (condenseur, canalisation, vannes et pompes de circulation).

- Facilités relatives d'exploitation :
  - ✓ Par sa conception (relativement faible inertie), le système aérocondensation permet une adaptation plus rapide de la charge aux conditions atmosphériques ;
  - ✓ Sécurité d'exploitation : le risque de gel peut, facilement, être pratiquement éliminé grâce à des dispositions constructives, du fait que le condensat (fluide froid) circule au contact direct du fluide chaud (vapeur).

Les **inconvénients** de l'aérocondenseur restent de pure théorie car :

- La réalisation d'un appareil quasi entièrement soudé permet de garantir une très haute fiabilité en minimisant les risques d'entrée d'air pour les appareils sous vide ;

- Les problèmes de corrosion interne (consécutifs à des arrêts fréquents ou prolongés) peuvent être résolus par des systèmes de traitement d'eau, situés à la sortie des pompes d'extraction des condensats.

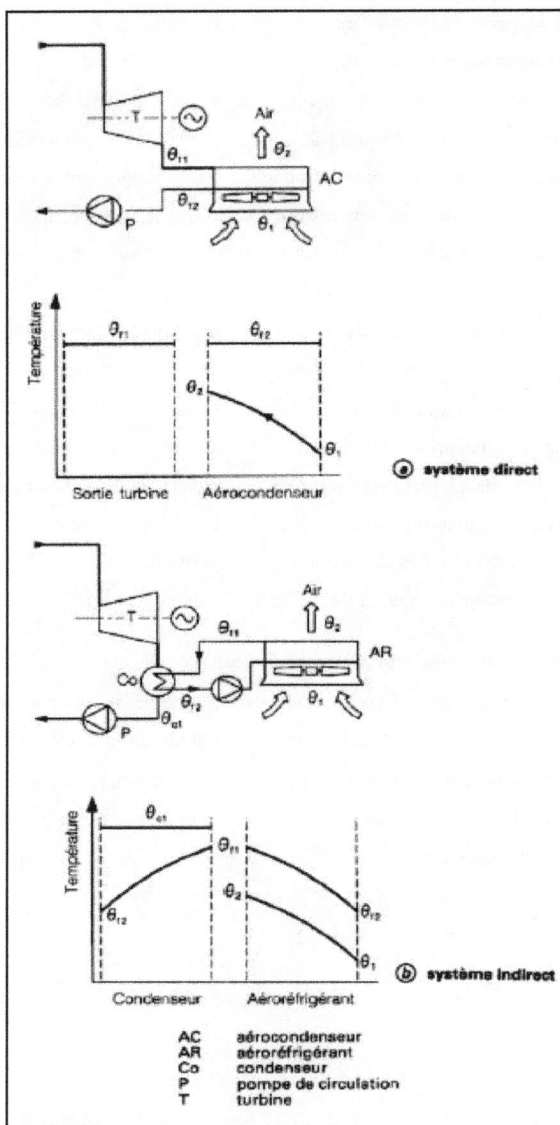

Figure 4 : Ecart de température à l'aérocondenseur et à l'aéroréfrigérant [2]

3.4 Réalisation

L'édification d'un aérocondenseur intègre les éléments suivants :

- les *éléments échangeurs de chaleur* : condenseurs
- les *tuyauteries de liaisons* (liaisons vapeur et circuit de récupération des condensats) ;
- le *dispositif de circulation d'air* : moto-ventilateur ;
- la *charpente* ;
- les *auxiliaires* (ballon condensats, pompes de circulation) ;
- dispositif de mise sous vide, régulation et contrôle, etc.

Le schéma de circulation des fluides est donné par le P&ID dans l'annexe A pour l'aérocondenseur de vapeur d'eau.

3.4.1 Condenseurs principaux [2]

L'admission se fait en partie haute des tubes ailetés et la vapeur circule dans le même sens que le condensat (de haut en bas), ce dernier étant récupéré en partie basse des éléments. Des faisceaux alignés contenants des tubes à ailettes sont employés.

Les faisceaux tubulaires sont toujours inclinés, disposition nécessaire pour assurer, à la fois, l'écoulement des condensats et une bonne circulation de l'air à travers les ailettes des tubes.

Les tubes à ailettes (figure 6) présents dans les faisceaux d'échange ont pour fonction de favoriser le transfert de chaleur par convection entre vapeur d'eau et air ; leurs principaux avantages par rapport aux tubes nus sont leur importante surface d'échange et le grand coefficient de conductivité des ailettes.

Figure 5 : Faisceaux d'échange

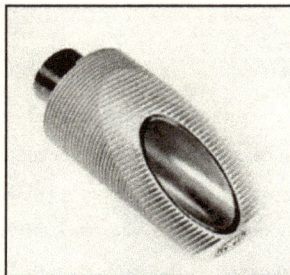

Figure 6 : Coupe du tube à ailette

3.4.2 Tuyauteries de liaisons [2]

• Liaison vapeur : Les performances de l'aérocondenseur sont généralement garanties à la liaison « générateur de vapeur » (bride d'échappement de la turbine pour une centrale thermique, par exemple). Le dessin de la liaison entre la bride d'échappement de la turbine et l'entrée de l'aérocondenseur doit être étudié avec beaucoup de soin afin de minimiser les pertes de charges : la distance à l'aérocondenseur doit être la plus courte possible (aérocondenseur placé sur le toit ou le long du bâtiment turbine) ; la liaison doit comporter un minimum d'accidents (tels que coudes), créant des pertes de charge singulières importantes ; les coudes sont normalement équipés d'ailettes internes de guidage. Les culottes de raccordement entre la canalisation principale et les lignes de distribution de vapeur sur les éléments d'échange sont exécutées avec un soin particulier.

Les canalisations vapeur sont réalisées en tôles d'acier roulées et soudées. Elles sont généralement soumises au vide et, de ce fait, équipées de frettes pour éviter le flambage. Elles sont, en outre, soumises à des efforts importants d'origine thermique (dilatations) et mécanique (efforts sur les fonds) : il y a lieu de minimiser les contraintes aux raccordements, notamment aux brides d'échappement de la turbine. Le raccordement des liaisons vapeur est généralement fait par soudure sur le site.

- Canalisation de condensât : Les canalisations de condensats ne posent aucun problème particulier. Il y a lieu, cependant, de respecter des conditions de vitesses d'écoulement faibles et d'assurer des pentes permettant d'éviter l'engorgement de l'appareil. Généralement, la structure de l'aérocondenseur n'est pas prévue pour supporter l'installation pleine d'eau.

Le ballon est en principe réalisé à partir de tôles roulées et soudées avec fonds bombés. Le niveau d'eau est régulé en fonction du débit de condensats, ce qui permet d'assurer un débit constant sur les pompes d'extraction. De plus, tout danger de remplissage excessif ou de vidange est évité par l'utilisation d'alarmes haute et basse ramenées en salle de commande, permettant une intervention rapide.

Figure 7 : Partie des canalisations de vapeur et de condensât sur site

3.4.3 Circulation de l'air [2]

La circulation de l'air peut être assurée soit par tirage naturel, soit par tirage mécanique.

On note que la quasi-totalité des aérocondenseurs construits à ce jour sont à tirage mécanique, solution justifiée par le moindre coût du dispositif. On utilise des ventilateurs axiaux, le plus souvent à grands débits-volumes (hélices).

On peut noter les tendances suivantes :

Tirage forcé (figure 9a) :

- *Avantages relatifs sur le tirage induit :* appareils plus compacts, simplicité de structure (réduction de coût), accessibilité et mise en place/dépose des ventilateurs plus facile ;
- *Inconvénients relatifs :* plus de risques de recirculation d'air chaud, alimentation en air des faisceaux moins régulière, et plus de risques d'avarie des faisceaux par agressions verticales (par exemple, grêle) : protections souvent nécessaires mais parfois aléatoires.

Tirage induit (figure 9b) :

- *Avantages relatifs sur le tirage forcé :* très bonne répartition d'air sur les échangeurs, influence de l'ensoleillement sur les échangeurs négligeable, protection antigrêle inutile, et gain sur la puissance de ventilation possible en ajoutant des diffuseurs (dont la mise en place est pratiquement impossible en tirage forcé) ;
- *Inconvénients relatifs :* encombrement plus important et structure du support plus lourde et plus chère.

La solution adoptée dans notre cas est le tirage forcé.

Figure 8 : Partie moto-ventilateur sur site

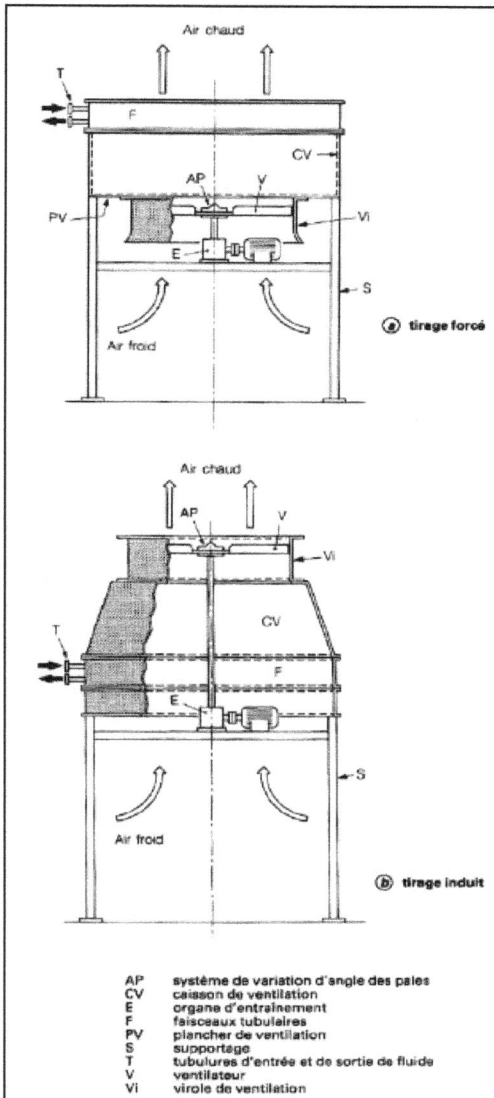

Figure 9 : Éléments composants d'un aéroréfrigérant avec échangeurs en position horizontale et ventilateurs dans deux positions : tirage forcé ou induit [2]

3.4.4 Charpente

Son rôle essentiel est de supporter, en surélévation, les éléments échangeurs et les groupes moto-ventilateurs, et de permettre une alimentation correcte en air.

La charpente comprend les dispositifs suivants : [2]

- *Support des échangeurs (condenseurs et déphlegmateur)* : cette charpente est constituée sur les longs pans de l'installation par les cadres latéraux des faisceaux condenseurs (éléments autoportants). L'ensemble des faisceaux et des groupes moto-réducteurs-ventilateurs est surélevé au-dessus du plan de pose de l'appareil : la superstructure de surélévation, comprenant une plate-forme horizontale au niveau des ventilateurs, peut être réalisée soit en béton, soit en charpente métallique ;

- *Support des groupes moto-ventilateurs :* les supports sont réalisés en poutres en treillis, munies de caillebotis et garde-corps. Un accès facile à l'ensemble des groupes est ainsi réalisé. Chaque ventilateur tourne à l'intérieur d'une virole généralement réalisée en tôle d'acier (convenablement raidie) ou en polyester. Cette virole comporte un convergent d'entrée (à méridienne conique ou caliciforme) ;

- *Accessoires :* des échelles ou escaliers d'accès sont prévus au niveau des groupes de ventilation, des tôles d'étanchéité sur pignons, entre cellules et au niveau du plancher supérieur de ventilation, et des accessoires tels que serrurerie, rails de manutention, échelles permettant le nettoyage des faisceaux, dispositifs antigrêle, murs de protection périphérique, etc. La protection de la charpente peut être faite par peinture après sablage ou par galvanisation à chaud au bain.

3.4.5 Les auxiliaires

Il s'agit essentiellement des pompes de reprise des condensats, de la régulation sur ballon, des éjecteurs, des organes annexes d'extraction des purges sur la ligne de liaison turbine et des organes de sécurité.

Figure 10 : Pompes retour condensât sur site

3.5 Perspectives et limites à l'utilisation des aérocondenseurs

La grande majorité des aérocondenseurs installés à ce jour sont de taille relativement modeste (unités de l'ordre de 30 MW), mais leur mode de réalisation (succession de cellules identiques équipées de groupes de ventilation dont la conception est parfaitement maîtrisée du point de vue mécanique et des performances) autorise actuellement une extension vers des puissances électriques élevées de l'ordre de 600 MW. [2]

Dans beaucoup de cas où le système sec est nécessaire (absence d'eau totale ou coûts prohibitifs de pompage), l'aérocondensation (système direct) peut s'imposer en raison de ses coûts d'investissement et d'exploitation inférieurs à ceux du système indirect et de sa souplesse de fonctionnement. Il faut cependant être extrêmement prudent dans tous les cas, lors de la conception de l'appareil, et, notamment, tenir compte très sérieusement des problèmes de fonctionnement à basse charge et à très basse température.

Les problèmes de corrosion atmosphérique sont maîtrisés par utilisation de surfaces d'échange judicieusement choisies. La taille des canalisations de liaison à la turbine (tenue mécanique et tenue au vide) peut constituer une limite à l'escalade de puissance actuellement constatée.

4 Les instruments de mesure

L'aérocondenseur contient plusieurs transmetteurs et interrupteurs, ils sont présentés comme suit :

4.1 Les transmetteurs de pression

Deux transmetteurs de pression sont implémentés dans l'unité de l'aérocondenseur ; en amont PT002 et relié avec le PIC (Pressure Indicator Controller), en aval PT001 et relié avec un PI (Pressure Indicator).

Figure 11 : Transmetteur de pression ROSEMOUNT 2088

Leurs caractéristiques :

Mesure de pression: 0-30 psi (0-2,1 bar) 1,5 psi (103,0 mbar) 30 psi (2,1 bar)

Type: Piézo-électrique

Type de pression: relative

Calibration: 0-1,6 barg

Sortie: 4-20 mA avec protocole HART

4.2 Les transmetteurs de température

Deux transmetteurs de température sont implantés dans l'unité de l'aérocondenseur ; en amont TT002 et relié avec le TI (Temperature Indicator), en aval TT001 et relié avec un TIC (Temperature Indicator Controller).

Caractéristique :

Type: Sonde à résistance, Pt 100 Ohm

Calibration : 0-200°C

Sortie: 4-20 mA avec protocole HART

4.3 Le transmetteur de niveau

Un transmetteur de niveau LT001 est implanté dans le ballon à condensât pour contrôler le niveau d'eau dans le ballon et actionner les pompes retour condensât.

Caractéristique :

Type : Capteur de niveau à pression différentielle

Mesure de niveau : 0-1,8 m

Sortie: 4-20 mA avec protocole HART

4.4 Les interrupteurs de vibration (vibroswitch)

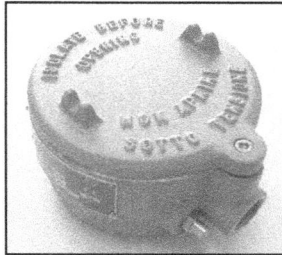

Figure 12 : Vibroswitch

Ils sont au nombre de 10 et servent à détecter toute vibration excessive dues à un fonctionnement impropre de la machine. Lors d'un déclenchement de l'interrupteur de vibration, le moteur devra être automatiquement stoppé.

5 Systèmes de contrôle commande de l'aérocondenseur

Les systèmes de contrôle commande sont divers et différents dans l'industrie.

La modernisation remarquable de ces systèmes laisse apparaître de nouvelles technologies de commande qui permettent de mieux gérer les process industriels devenus de plus en plus complexes.

Parmi les systèmes de contrôle commande les plus courants, et s'intégrant dans la logique programmée, on cite :

5.1 Le système de contrôle commande par PLC

Ce type de système de contrôle commande est basique et simple d'utilisation.

Le PLC (Programmable Logic Controller), qui représente le cerveau de la commande, est programmé en tenant compte des entrées logiques et analogiques qu'il reçoit via ses modules d'entrées. Après exécution du programme implémenté dedans, il reçoit les commandes adéquates via les modules de sorties vers les différents actionneurs et préactionneurs équipant les machines à piloter.

Son inconvénient majeur est l'absence d'une interface de supervision permettant un contrôle visuel par l'opérateur dans la salle de contrôle du processus industriel.

5.2 Le système de contrôle, commande et supervision SCADA

Ce type de logique programmée est basé sur des PLCs, la supervision SCADA (Supervisory Control And Data Acquisition) est une solution très performante pour la commande des systèmes industriels complexes.

Le poste opérateur intègre une interface utilisateur permettant à l'opérateur de superviser la machine à partir d'un tableau de bord virtuel comportant des boutons, des voyants, des alertes et toutes les données dont il a besoin pour la prise de décision. L'ensemble PLC/HMI (Interface Homme Machine) forme ce qu'on appelle le SCADA.

Bien entendu, le SCADA peut comporter plusieurs PLCs qui sont extensibles en plusieurs modules d'entrées/sorties. Il présente une souplesse et une adaptabilité dans son installation puisque les fonctions logiques sont toutes rassemblées en un seul programme qui peut être aisément modifié.

5.3 Le système de contrôle, commande et supervision DCS

Le système de contrôle commande DCS (Systèmes de Commande Distribuée), développé au début des années 70, ressemble en grande partie au SCADA. Sauf que ce dernier est destiné pour gérer des processus plus étendus et plus complexes.

La principale différence entre un DCS et un SCADA réside essentiellement dans la nature de l'architecture et la criticité du process supervisé. En effet le DCS gère beaucoup plus rapidement le transfert de données et se distingue par un temps de réponse remarquable. Le DCS présente une architecture très organisée qui empêche toutes sortes de conflits et de collisions de données.

Ses contrôleurs sont reliés entre eux via un réseau Profinet pour échanger des données partagées. Chaque contrôleur est doté de modules d'entrées/sorties qui lui sont propres via lesquels il communique avec le système.

Il est vrai que de nos jours, suite au développement des PLCs, plusieurs caractéristiques qui étaient propres au DCS deviennent disponibles sur le système SCADA, on ne distingue plus de différences entre les deux technologies de commande.

6 Cahier des charges et planning d'exécution

EPPM a été sollicitée pour la conception, la fourniture, la réalisation, le montage et la mise en service d'un aérocondenseur de vapeur en remplacement du condenseur de vapeur à eau de mer des utilités chaudes de l'usine SKHIRA du GCT.

Dans ce qui suit nous allons présenter le cahier des charges et le planning d'exécution regroupant les tâches à exécuter.

6.1 Cahier des charges

L'objet de ce projet est l'étude des paramètres thermodynamiques de l'aérocondenseur, d'élaborer des séquences de fonctionnement en fonction de ces paramètres, de collecter et développer la documentation technique nécessaire pour l'établissement du programme d'automatisme, développer ce programme et le simuler.

Cette étude doit satisfaire à plusieurs exigences qui ont été fixées par les cadres techniques du GCT.

Les spécifications suivantes doivent êtres prises en considération lors de l'élaboration du projet :

- Sécurité et haut niveau de fiabilité sont de prime lors des phases étude et conception.
- La solution doit être flexible, optimisées de point de vue câblage et facilement maintenable.
- Un moyen de supervision performant, pratique et instinctif doit être inclus.
- Le système doit être extensible et aisément modifiable par les techniciens du GCT.
- En cas de panne du système de contrôle, les organes pourront êtres commandés manuellement.
- En cas de défaillance de l'automate principal, l'automate secondaire prendra le relais sans perturber le fonctionnement de l'aérocondenseur.
- Un logiciel de collecte et de traitement de données compatible MODBUS doit être fourni.

Le client exige :

- Un dossier technique complet comportant les différentes spécifications techniques détaillées des composants de l'aérocondenseur et de la tuyauterie, le dossier des divers plans et schéma (plan d'ensemble, plans d'isométries…) et nomenclatures et certificats des différents composants.
- La garantie des performances techniques de l'installation.

6.2 Planning d'exécution

Les principales étapes du projet sont :

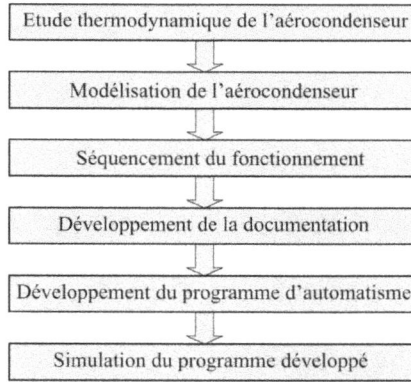

Figure 13 : Etapes du projet

- L'étude thermodynamique de l'unité d'aérocondenseur : Comprendre et assimiler les phénomènes physiques qui régissent le fonctionnement de l'équipement.
- La modélisation thermodynamique de l'aérocondenseur : Elaborer une approche relationnelle des paramètres de fonctionnement.
- L'établissement des séquences de fonctionnement de l'aérocondenseur : Planifier des séquences pour la mise en marche des différents composants de l'équipement de manière optimale et efficace.
- La collecte et le développement de toute la documentation technique nécessaire pour l'établissement du programme d'automatisme.
- Le développement du programme d'automatisme : Réaliser un programme d'automatisme à implanter dans l'automate pour piloter l'unité d'aérocondenseur.
- La simulation des programmes développés selon les procédures d'acceptation en usine préparées dans le cadre de la documentation technique.

Conclusion

Après avoir décrit le contexte général de ce projet et présenté les attentes du client, nous allons adopter le planning d'exécution établi pour procéder à la réalisation de ce projet et à remplir toutes les exigences du cahier des charges.

Le chapitre qui va suivre aura pour objet l'étude thermodynamique et la mise en œuvre de l'aérocondenseur.

Chapitre II

ETUDE THERMODYNAMIQUE
&
MISE EN OEUVRE

Introduction

L'unité d'aérocondenseur de l'usine d'acide phosphorique est actuellement en cours d'installation, l'élaboration du système d'automatisme nécessite une étude approfondie et la mise en place d'étapes de marche.

Dans ce chapitre, nous allons expliciter le principe de fonctionnement de l'aérocondenseur, étudier l'équipement de point de vu thermodynamique et nous allons définir les séquences de fonctionnement.

1 Principe de fonctionnement

Fonction de l'aérocondenseur : Condenser de la vapeur d'eau saturée et atteindre une capacité de condensation de 100 T/H.

La vapeur d'eau saturée à condenser provient de 3 points regroupés dans une seule conduite :

- Echappement de la turbine du groupe turbo-alternateur :
  Débit : 3 – 30 T/H
  Pression : 1 – 1,4 bar
  Température : 105 – 140 °C
- Circuit de détente 3/1,2 bar :
  Débit : 0 – 30 T/H
  Pression : 1,2 bar
  Température : 120 – 150 °C
- Unités de production :
  Débit : 0 – 100 T/H
  Pression : 1 – 1,2 bar
  Température : 120 – 150 °C

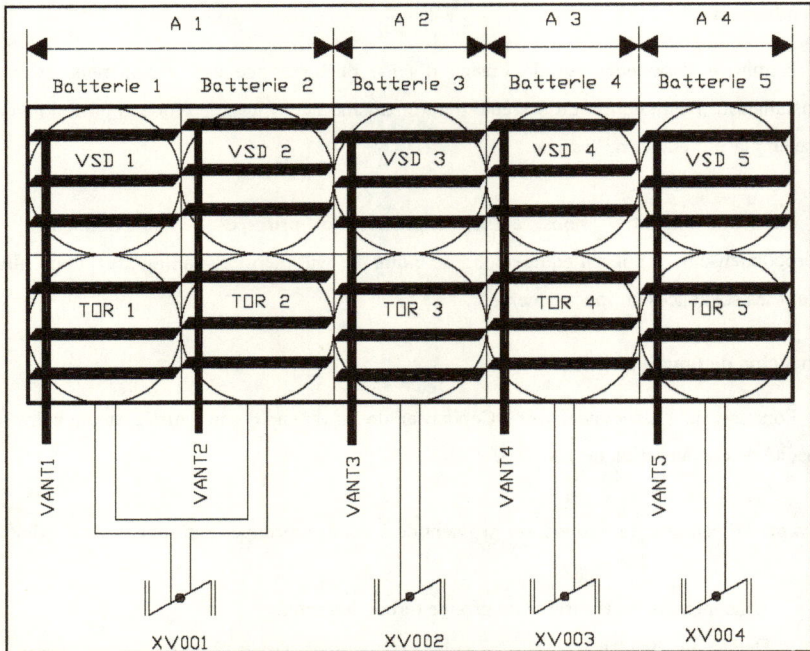

Figure 14 : Schéma représentatif de l'aérocondenseur

VSD : Ventilateur avec variateur de vitesse

TOR : Ventilateur sans variateur de vitesse

VANT : Vantelle (volet)

XV00.. : Vanne Tout Ou Rien

La vapeur d'eau est acheminée dans une conduite vers l'aérocondenseur, ce dernier contient cinq batteries ; chaque batterie contenant deux ventilateurs (un fonctionnant avec variateur de vitesse VSD (Variable Speed Drive) et l'autre fonctionnant sans variateur de vitesse TOR (Tout Ou Rien)).

Quatre vannes XV Tout Ou Rien laissent passer la vapeur dans les faisceaux d'échange, ces vannes ont été placées selon des paliers définis ultérieurement.

La vanne XV001 fait passer la vapeur dans deux batteries, les autres vannes (XV002. XV003 et XV004) font passer la vapeur dans une batterie chacune.

La vapeur passe dans les faisceaux d'échange contenant les tubes à ailettes, les ventilateurs soufflent de l'air dans ces faisceaux et la condensation se fait.

L'eau condensée est collectée dans le ballon à condensât puis refoulée vers la bâche à condensât grâce aux deux pompes situées en aval du ballon.

Des vantelles (volets) situées au dessus des faisceaux et commandées par des vérins pneumatiques assurent le maintien en température des échangeurs ; elles sont refermées lorsque le débit de vapeur est assez faible et ouverts pour permettre l'extraction de chaleur.

Un débit de vapeur d'eau de maintien en température des faisceaux est injecté pour éviter les chocs thermiques (du fluide chaud ne peut pas être brusquement introduit lorsque l'appareil est froid, ni du fluide froid lorsque l'appareil est chaud). Cette vapeur ne passe pas par les vannes ; elle est acheminée à travers des conduites de diamètre réduit (50-SLS-2133-007-2A3 dans le P&ID annexe A)

Ce débit de vapeur qu'on va appeler débit de maintien Qm est fixé comme suit :
Qm = *2%* du débit nominal de vapeur Q si la température ambiante est supérieure à 0°C ; soit
Qm = *2 T/H.* (consigne constructeur)
Qm = *10%* du débit nominal de vapeur Q si la température ambiante est inférieure à 0°C ; soit
Qm = *10 T/H*, et cela pour assurer le non gel dans les tubes.
Dans ce cas les vantelles doivent êtres fermées.

Si le débit de vapeur Q > Qm ; les persiennes sont ouvertes progressivement, et, à 100% d'ouverture, le refroidissement se fait par les ventilateurs.

2 Paliers de fonctionnement

L'aérocondenseur devra pouvoir fonctionner selon les paliers suivants :

Paliers 1 : débit entre 0 et 50 T/H
La pression correspondante est entre 0 et 0,6 bar

Palier 2 : débit entre 50 et 75 T/H
La pression correspondante est entre 0,6 et 0,8 bar

Palier 3 : débit entre 75 et 100 T/H
La pression correspondante est entre 0,8 et 1 bar

Palier 4 : débit supérieur à 100 T/h
La pression correspondante est supérieure à 1 bar

Pour savoir les pertes de charges "H" correspondantes à chaque palier, nous avons eu recourt à une application de calcul des pertes de charges développée par *CARF-Engineering.com* (site spécialisé dans les calculs hydrauliques), il suffit d'entrer le diamètre de la conduite, sa rugosité, sa longueur, son élévation et les coudes présents.

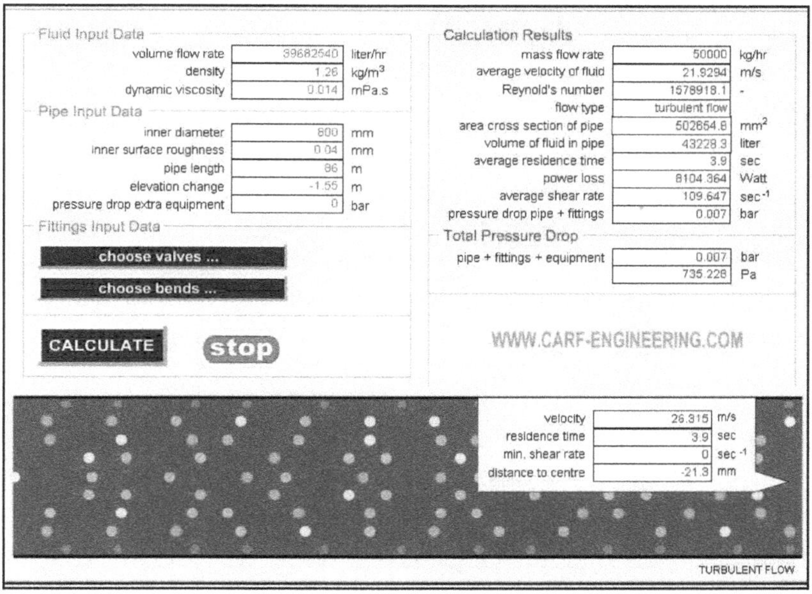

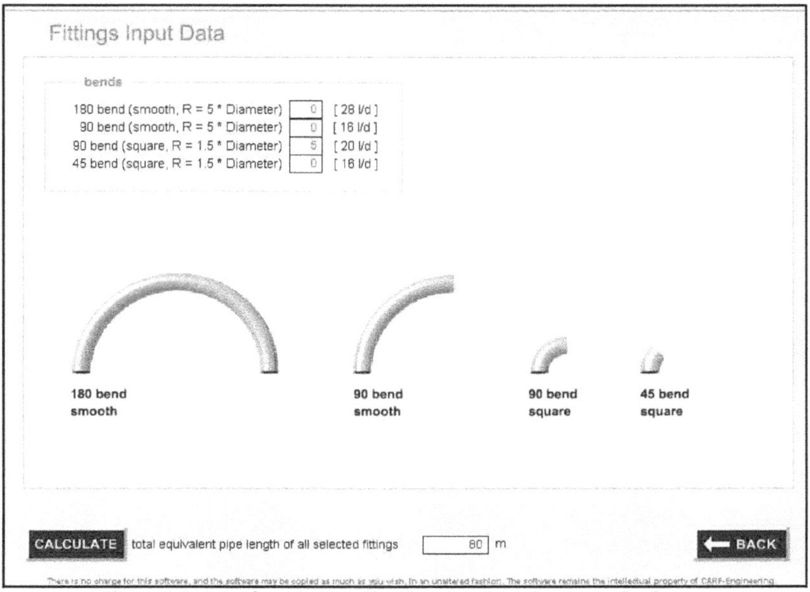

Figure 15 : Interface de l'application de calcul de pertes de charges

Nous avons dégagé les pertes de charges comme suit :

Débit (T/H)	50	75	100	120
Pertes de charge "H" (bar)	0,007	0,016	0,028	0,04

Tableau 1: Pertes de charges dans les conduites

3 Démarche

Le schéma suivant représente un diagramme *T, P* contenant les trois courbes d'équilibre solide-gaz ou courbe de sublimation, liquide-vapeur ou courbe de vaporisation, liquide-solide ou courbe de fusion.

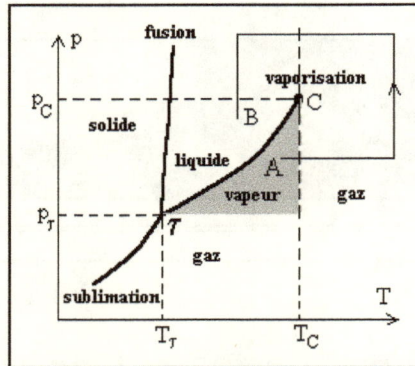

Figure 16 : Diagramme Température, Pression [4]

La frontière entre la zone A (vapeur) et la zone B (liquide) est appelée courbe de rosée, c'est la limite d'apparition des premières gouttes de liquide.

Pour savoir s'il y a condensation, nous allons mesurer la pression et la température en sortie des faisceaux et la comparer à des valeurs expérimentales de condensation de vapeur d'eau saturée.

Notons que le prélèvement de température et de pression doit se faire à la sortie des faisceaux; deux couples de transmetteurs (Pression et Température) se trouvent en amont et en aval de l'aérocondenseur.

Pour ce faire, nous allons utiliser le tableau dans l'annexe B;

Il représente les caractéristiques de la vapeur d'eau saturée ; ces valeurs ont été obtenus expérimentalement et ne sont régis par aucune équation ;

Pour pouvoir facilement exploiter les données du tableau, nous avons procéder comme suit :

- On trace les courbes de variation des différents paramètres en fonction de la pression avec le logiciel MATLAB.
- On interpole avec la fonction "Basic Fitting".
- On détermine les équations correspondant aux courbes tracées.

Ces équations nous permettrons de trouver, par exemple, pour des pressions données, les températures, les masses volumiques et les chaleurs massiques.

3.1 Courbe et équation de $T = f(P)$

Nous avons décomposé la plage de pression en 3 intervalles puisque l'interpolation n'est pas parfaite :

Pression entre 0,02 et 0,1 bar / Pression entre 0,1 et 0,6 bar / Pression entre 0,6 et 2 bar

Coubre 1 ;

Pour une pression entre 0,02 et 0,1 bar

Equation:

$$T = 2,4.10^4 P^3 - 7.10^3 P^2 + 8,9.10^2 P + 2,9 \tag{1}$$

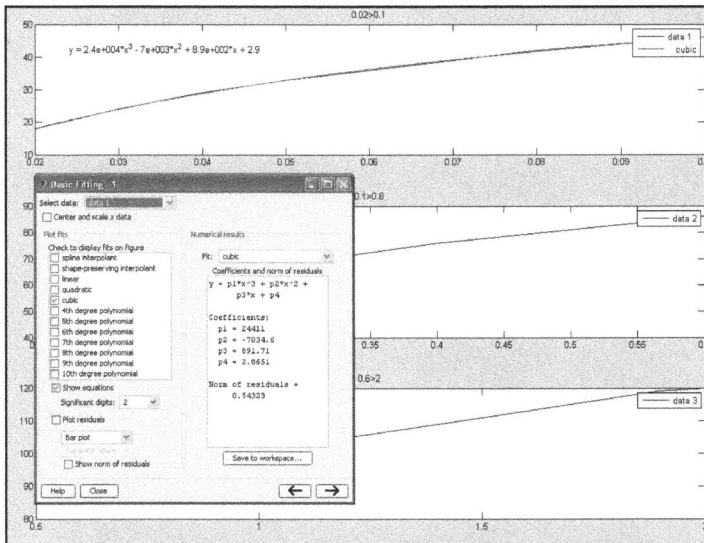

Figure 17 : $T = f(P)$ [0,02-0,1]

<u>Courbe 2</u>;

Pour une pression entre 0,1 et 0,6 bar

Equation :

$$T = -2,1.10^2 P^4 + 5,2.10^2 P^3 - 4,9.10^2 P^2 + 2,5.10^2 P + 25 \tag{2}$$

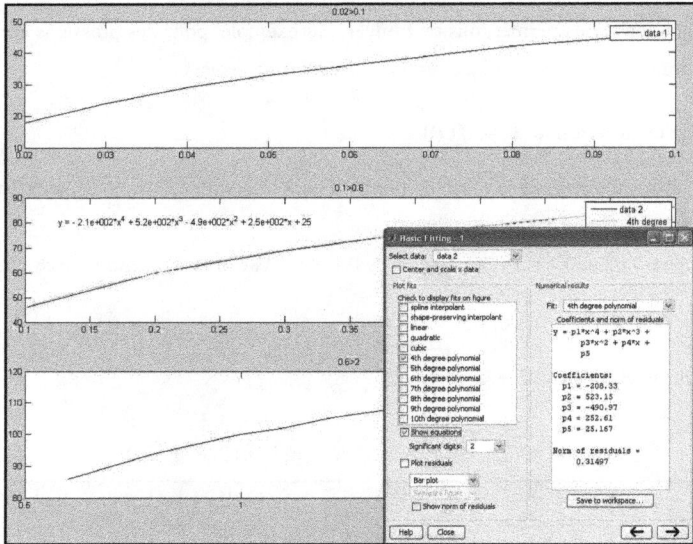

Figure 18 : $T = f(P)$ [0,1-0,6]

<u>Courbe 3</u> ;

Pour une pression entre 0,6 et 2 bar

Equation:

$$T = -9,8 P^5 + 55 P^4 - 1,1.10^2 P^3 + 81 P^2 + 24 P + 60 \tag{3}$$

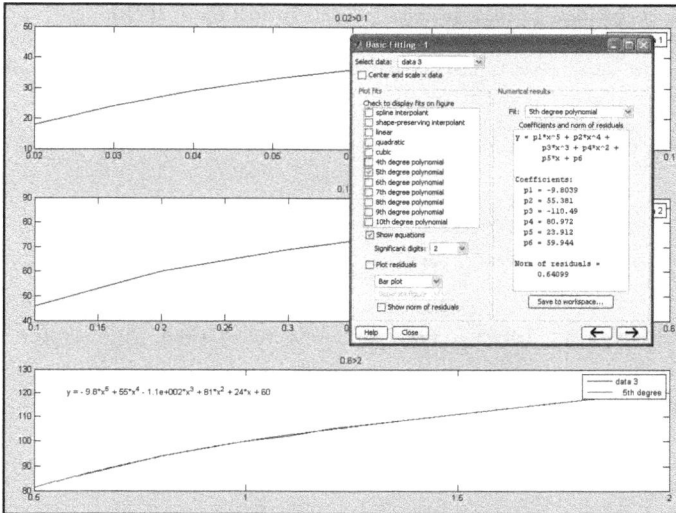

Figure 19 : $T = f(P)$ [0,6-2]

3.2 Courbe et équation de $\rho = f(P)$

Equation:

$$\rho = 0{,}012P^3 - 0{,}061P^2 + 0{,}64P + 0{,}0042 \tag{4}$$

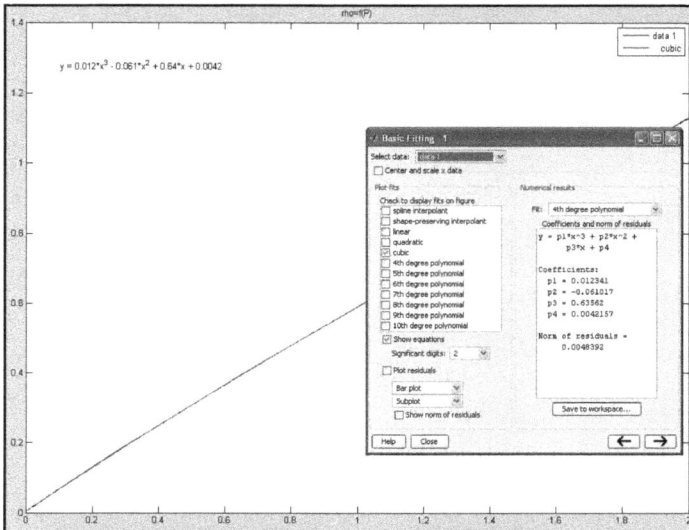

Figure 20 : $\rho = f(P)$ [0,02-2]

3.3 Courbe et équation de chaleur massique de vapeur : $Cp = f(P)$

Nous avons décomposé la plage de pression en 3 intervalles puisque l'interpolation n'est pas parfaite :

Pression entre 0,02 et 0,1 bar / Pression entre 0,1 et 0,6 bar / Pression entre 0,6 et 2 bar

Courbe 1 ;

Pour une pression entre 0,02 et 0,1 bar

Equation :

$$Cp = 3,5.\,10^6 P^5 - 1,2.\,10^6 P^4 + 1,8.\,10^5 P^3 - 1,4.\,10^4 P^2 + 9,4.\,10^2 P + 1,847.\,10^3 \qquad (5)$$

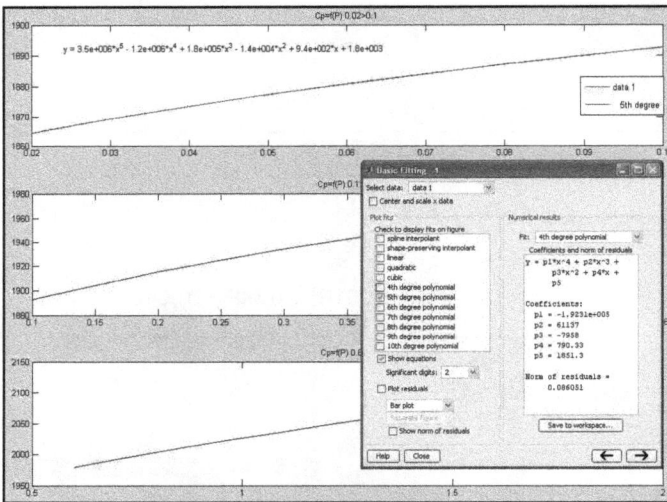

Figure 21 : $Cp = f(P)$ [0,02-0,1]

Courbe 2;

Pour une pression entre 0,1 et 0,6 bar

Equation:

$$Cp = -1,1.\,10^2 P^2 + 2,5.\,10^2 P + 1,87.\,10^3 \qquad (6)$$

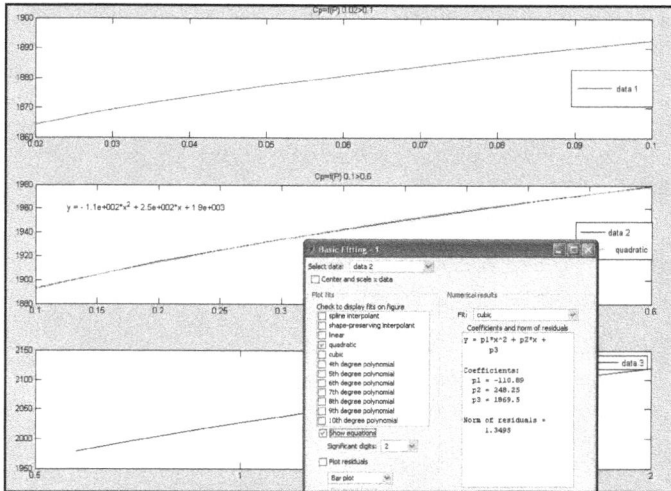

Figure 22 : $Cp = f(P)$ [0,1-0,6]

Courbe 3;

Pour une pression entre 0,6 et 2 bar

Equation:

$$Cp = 6{,}1\,P^3 - 39P^2 + 1{,}7.10^2P + 1{,}89.10^3 \tag{7}$$

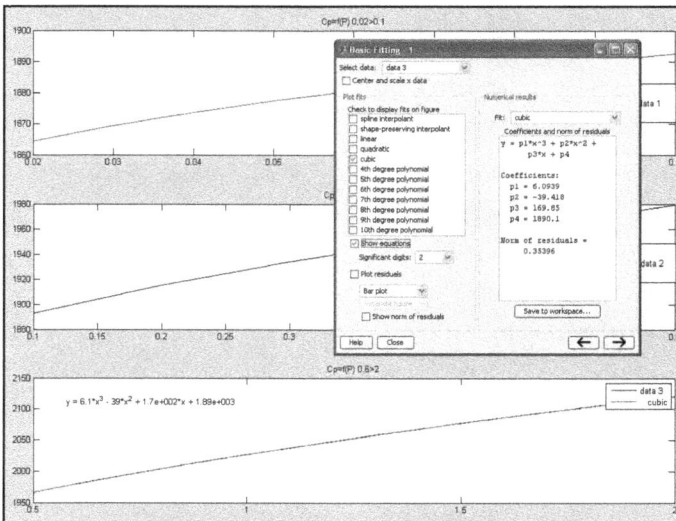

Figure 23 : $Cp = f(P)$ [0,6-2]

4 Etapes de fonctionnement

Pour assurer un fonctionnement nominal de l'aérocondenseur, on procède comme suit :

Une vanne XV est ouverte, on cherche l'intervalle d'emplacement de $T = f(P - H)$ (entre 0,02 et 0,1 bar / entre 0,1 et 0,6 bar / entre 0,6 et 2 bar).

La régulation se fait sur la température de sortie de l'eau en fonction de la pression;
Pour chaque intervalle ; $T = f(P - H)$

- Si $T - f(P - H) > 0$; il n'y pas condensation de vapeur d'eau donc on augmente la capacité de refroidissement (définie dans le paragraphe **§II.5.1**) jusqu'à ce que $T - f(P - H) = 0$.

- Si $T - f(P - H) < 0$; il y'a condensation de la vapeur d'eau, on diminue la capacité de refroidissement jusqu'à $T - f(P - H) = 0$.

4.1 Etape 1

On fixe un débit Qm comme définit ci-dessus, toutes les vantelles sont fermées, la Vanne XV001 est ouverte et le fonctionnement se fait dans le 1er palier, la vapeur avec un débit Q et une pression P (PT002) est injectée, on relève la température T en sortie (TT001), on cherche l'intervalle de $T = f(P - H)$ et on compare si l'équation $T - f(P - H)$ avec 0 ;

- Si $T - f(P - H) < 0$; on laisse les vantelles 1,2,3,4,5 fermées.
- Si $T - f(P - H) > 0$; on ouvre les vantelles 1 et 2 (VANT 1 et VANT 2) progressivement tout en contrôlant si $T - f(P + H) = 0$.

Le seuil est atteint ; si $T - f(P - H) < 0$ on ferme les vantelles tout en continuant à contrôler $T = f(P - H)$.

Lorsque les vantelles VANT 1 et 2 sont totalement ouvertes, et $T - f(P - H) > 0$, on actionne simultanément les ventilateurs TOR 1 et 2 et on continu à contrôler $T = f(P - H)$; si $T - f(P - H) > 0$, on actionne les ventilateurs VSD 1 et 2 à 40%, si la capacité de refroidissement définit dans **§5.1** chapitre II doit être augmentée on augmente la cadence de VSD 1 et 2 jusqu'à arriver à 100%.

Les 4 ventilateurs du 1er palier fonctionnement à 100%, $T - f(P - H) < 0$, on diminue VSD 1 et 2 jusqu'à arriver à 40%, on coupe les TOR 1 et 2. Arrivé à l'arrêt des ventilateurs on referme progressivement les vantelles VANT 1 et 2.

4.2 Etape 2

Le 2ème palier est atteint, XV001 et XV002 sont ouvertes.

TOR 1 et 2, VSD 1 et 2 marchent à leur cadence nominale, VANT 1 et 2 ouvertes à 100%.

On cherche l'intervalle de $T = f(P - H)$ et on compare l'équation $T - f(P - H)$ avec 0.

- Si $T - f(P - H) < 0$; on laisse VANT 3 fermée.
- Si $T - f(P - H) > 0$; on ouvre VANT 3 progressivement tout en contrôlant si $T - f(P - H) = 0$.

Le seuil est atteint ; si $T - f(P - H) < 0$ on ferme VANT 3 tout en continuant à contrôler $T = f(P - H)$.

Lorsque VANT 3 est totalement ouverte, et $T - f(P - H) > 0$, on actionne le ventilateur TOR 3 et on continu à contrôler $T = f(P - H)$; si $T - f(P - H) < 0$, on augmente la capacité de refroidissement définie dans **§5.1** paragraphe II en augmentant la cadence de VSD 3 jusqu'à arriver à 100%.

Les 6 ventilateurs du 2er palier fonctionnement à 100%, $T - f(P - H) < 0$, on diminue VSD 3 jusqu'à arriver à 40%, on coupe le TOR 3. Arrivé à l'arrêt du VSD 3 on referme progressivement VANT 3 et on passe au 1er palier.

4.3 Etape 3

Le 3ème palier est atteint, XV001, XV002 et XV003 sont ouvertes.

TOR 1, 2 et 3, VSD 1,2 et 3 marchent à leur cadence nominale, VANT 1, 2 et 3 ouvertes à 100%.

On cherche l'intervalle de $T = f(P - H)$ et on compare l'équation $T - f(P - H)$ avec 0.

- Si $T - f(P - H) < 0$; on laisse VANT 4 fermée.

- Si $T - f(P - H) > 0$; on ouvre VANT 4 progressivement tout en contrôlant si $T - f(P - H) = 0$.

  Le seuil est atteint ; si $T - f(P - H) < 0$ on ferme VANT 4 tout en continuant à contrôler $T = f(P - H)$.

Lorsque VANT 4 est totalement ouverte, et $T - f(P - H) > 0$, on actionne TOR 4 et on continu à contrôler $T = f(P - H)$; si $T - f(P - H) < 0$, on augmente la capacité de refroidissement définie dans §5.1 paragraphe II en augmentant la cadence de VSD 4 jusqu'à arriver à 100%.

Les 8 ventilateurs du 3ème palier fonctionnement à 100%, $T - f(P - H) < 0$, on diminue VSD 4 jusqu'à arriver à 40%, on coupe le TOR 4. Arrivé à l'arrêt du VSD 4 on referme progressivement VANT 4 et on passe au 2ème palier.

4.4 Etape 4

Le 4ème palier est atteint, XV001, XV002, XV003 et XV004 sont ouvertes.

VSD 1, 2, 3 et 4, TOR 1, 2, 3 et 4 marchent à leur cadence nominale, VANT 1, 2, 3 et 4 ouvertes à 100%.

On cherche l'intervalle de $T = f(P - H)$ et on compare l'équation $T - f(P - H)$ avec 0.

- Si $T - f(P - H) < 0$; on laisse VANT 5 fermée.
- Si $T - f(P - H) > 0$; on ouvre VANT 5 progressivement tout en contrôlant si $T - f(P - H) = 0$.

  Le seuil est atteint ; si $T - f(P - H) < 0$ on ferme VANT 5 tout en continuant à contrôler $T = f(P - H)$.

  Lorsque la VANT 5 est totalement ouverte, et $T - f(P - H) > 0$, on actionne le TOR 5 et on continu à contrôler $T = f(P - H)$; si $T - f(P - H) < 0$, on augmente la capacité de refroidissement définie dans §5.1 paragraphe II en augmentant la cadence de VSD 5 jusqu'à arriver à 100%.

  Les 10 ventilateurs du 4ème palier fonctionnement à 100%, $T - f(P - H) < 0$, on diminue VSD 5 jusqu'à arriver à 40%, on coupe TOR 5. Arrivé à l'arrêt du VSD 5 on referme progressivement VANT 5 et on passe au 3ème palier.

5 Etude thermodynamique

L'aérocondenseur, appartient à la famille des réfrigérants secs (refroidissement avec changement d'état). Cet appareil est à tirage forcé. [5]

L'échange est réglé uniquement par les lois du transfert de chaleur par convection.

La chaleur "Q" dans un fluide subissant un changement d'état : [6]

$$Q = m . Lc \tag{8}$$

La puissance de condensation de vapeur d'eau :

$$Pt = P_{sensible} + P_{latente} \tag{9}$$

Avec :

$$P_{sensible} = m_v . Cp_v . \Delta T \tag{10}$$

$$\Delta T = Tentrée - Tsortie \tag{11}$$

$$P_{latente} = m_c . Lc \tag{12}$$

Puissance sensible : C'est la puissance qui modifie la température d'une matière.

Puissance latente de condensation : C'est la puissance nécessaire pour passer de l'état gazeux à l'état liquide.

Pour avoir condensation, on extrait la quantité de chaleur de vaporisation présente dans la vapeur d'eau.

Pour un débit donné, pression donnée ; on calcule la puissance totale *Pt*.

Exemple :

Pour un débit (m) de 50 T/h $\longrightarrow$ 13,88 Kg/s et une pression de 0,6 bar

On a $Cp_v = 1,979.10^3$ J/Kg et Tsortie = Tcondensation = Tévaporation = 86°C

Supposons que la température d'entrée de vapeur = Tmax = 150 °C

$Lc = Lv = 2293,64.10^3$ J/Kg

$$P_{sensible} = 13,88 \times 1,979.10^3 \times (150 - 86) = 1,757985 \text{ MW}$$
$$P_{latente} = 13,88 \times 2293,64.10^3 = 31,835723 \text{ MW}$$

Pour ce palier, il faut extraire environ 34 MW de quantité de chaleur de la vapeur d'eau pour avoir condensation.

5.1 Expression du flux de chaleur échangé dans un ventilateur

Les caractéristiques données par le constructeur sont valables pour un point de fonctionnement donné (annexe C); par conséquent, nous sommes dans l'obligation de faire une étude thermodynamique sur notre échangeur (échangeur de chaleur croisé à tubes à ailettes).

Notre échangeur présente 4 rangs de tubes, et ainsi il est possible de le considérer comme un échangeur contre-courant pur.

Loi de Newton :

$$\varphi = h.S.\Delta Tm \tag{13}$$

5.1.1 Détermination de la surface d'échange S [7]

S totale (donnée constructeur) pour 10 faisceaux = 45678 m²

Chaque ventilateur contient un seul faisceau donc $S = \dfrac{S \text{ totale}}{10}$ $\tag{14}$

$$S = \frac{45678}{10} = 4567,8 \text{ m}^2$$

5.1.2 Détermination de la moyenne logarithmique des différences de températures ΔTm

$$\Delta Tm = \frac{\Delta Ts - \Delta Te}{Ln\left(\frac{\Delta Ts}{\Delta Te}\right)} \tag{15}$$

Avec $\Delta Te = $ T vapeur en entrée – T air en sortie

$\Delta Ts = $ T eau en sortie – T air en entrée

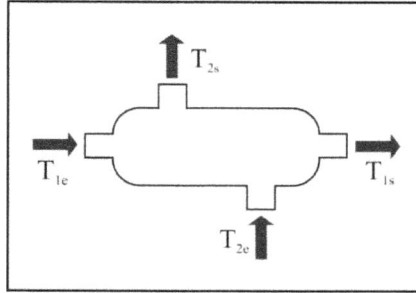

Figure 24 : Echangeur contre-courant

5.1.3 Détermination du coefficient d'échange global h [7]

$$h = \left[\left(\frac{1}{hi} + Ri\right)\frac{Se}{Si} + \frac{Se}{2\pi \lambda l}Ln\frac{de}{di} + \frac{1}{\eta_g he} + Re\right]^{-1} \qquad (16)$$

- hi : Coefficient d'échange intérieur du tube à ailettes

$$hi = \frac{Nu_S \lambda}{di} \qquad (17)$$

Avec :

$$Nus = 0{,}0243 \, Re^{0{,}8} \, Pr^n \qquad ; \text{nombre de Nusselt} \qquad (18)$$

$$Re = \frac{\rho \, V \, D}{\mu} \qquad ; \text{nombre de Reynolds} \qquad (19)$$

$$Pr = \frac{\mu \, Cp}{\lambda} \qquad ; \text{nombre de Prandtl} \qquad (20)$$

$V = 37.9$ m/s

$di = 23{,}29 \cdot 10^{-3}$ m

$\mu = 0{,}000012$ Kg/m.s

$\lambda = 60$ W/m.K (voir annexe D)

$n = 0{,}3$ (dans le cas d'un refroidissement)

- $Ri = 0{,}00017$ m^2.K/W (donnée constructeur, voir annexe C)

- Se : surface d'échange extérieure des tubes sans ailettes

Se totale (donnée constructeur) = 1971 m²

$$Se = \frac{Se\ totale}{10} \tag{21}$$

$$Se = \frac{1971}{10} = 197{,}1\ m^2$$

- Si : surface d'échange intérieure

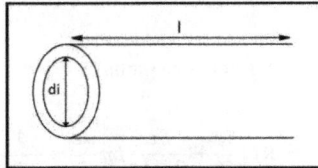

Figure 25 : Coupe longitudinale du tube sans ailettes

Chaque ventilateur contient un faisceau et chaque faisceau contient 206 tubes.

$$Si = 206 \times 2\pi \frac{di}{2} l = 206 \times \pi\ di\ l \tag{22}$$

$$Si = 206 \times \pi \times 23{,}29.10^{-3} \times 12{,}192 = 183{,}77\ m^2$$

- l : longueur des tubes

$$l = 206 \times 12{,}192 = 2511{,}552\ m$$

- de : diamètre extérieur du tube ($de = 25{,}4.10^{-3}$ m)
- η_g: efficacité globale de la surface à ailettes $0 < \eta_g < 1$

$$\eta_g = 1 - (1 - \eta_f)\ \frac{Sas}{Sa} \tag{23}$$

$$\eta_f = \frac{Tanh(\zeta\ lac)}{\zeta\ lac} \tag{24}$$

$$\zeta = \sqrt{2\frac{he}{\lambda_a\ \delta_a}} \tag{25}$$

$$lac = 0{,}5\ de\ (D_a^* - 1)[1 + 0{,}35\ Ln\ (D_a^*)] \tag{26}$$

$$D_a{}^* = \frac{D_a}{de} \tag{27}$$

$$lac = 0,5 \times 25,4.10^{-3} \times (1,25-1)[1 + 0,35 \times Ln\,(1,25)] = 3,42.10^{-3}\,\text{m}$$

$$D_a{}^* = \frac{31,75}{25,4} = 1,25$$

$$\zeta = \sqrt{2\,\frac{he}{380 \times 0,0004}} \tag{28}$$

Da : diamètre de l'ailette ($Da = 31,75.10^{-3}$ m)

δ_a : épaisseur de l'ailette ($\delta_a = 0,4.10^{-3}$ m)

Sas : surface d'échange des ailettes seules par mètre de tube

$$Sn = \pi.r^2 = \frac{\pi}{4}.d^2 = 7,92.10^{-4}\,\text{m}^2 \tag{29}$$

On a 433 ailettes par mètre de tube ;

$$Sas = Sn \times 433 = 0,343\,\text{m}^2$$

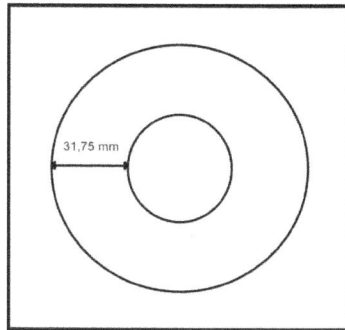

Figure 26 : Profil de l'ailette

Sa: surface d'échange du tube avec ailettes par mètre de tube

$Sa\ totale = 45678$ m^2

On a 10 faisceaux, chaque faisceau contient 206 tubes et chaque tube mesure 12,192 m ;

donc ;

$$Sa = \frac{Sa\ totale}{(\ 10\ \times\ 206\ \times\ 12{,}192)} = 1{,}819\ m^2$$

- *he* : coefficient d'échange par convection à extérieur du tube à ailettes pour un faisceau aligné

$$he = 0{,}67\ \textbf{he} \tag{30}$$

he : coefficient d'échange par convection à extérieur du tube à ailettes pour un faisceau en quinconce.

$$\textbf{he} = 0{,}29\frac{\lambda_P}{de}Re_P{}^{0{,}633}\ Pr_P{}^{\frac{1}{3}}\left(\frac{Sa}{S}\right)^{-0{,}17} \tag{31}$$

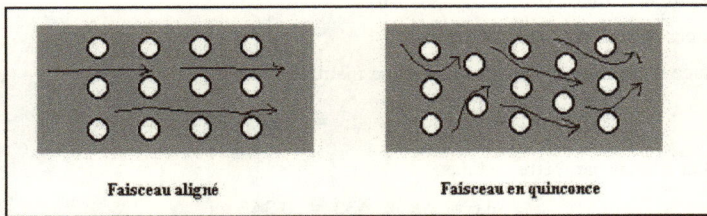

Figure 27 : Types d'écoulement autour d'un faisceau de tubes

$$Re_P = \frac{\Gamma\ U_{P,max}}{\psi\ \upsilon_P} \qquad\qquad ;\ \text{nombre de Reynolds coté air} \tag{32}$$

$$\Gamma = \frac{\pi}{2}\ de = 0{,}04\ m \qquad\qquad ;\ \text{longueur caractéristique de l'écoulement} \tag{33}$$

$$U_{P,max} = \frac{m_a}{l\ P_t n_t \rho_P} \qquad\qquad ;\ \text{vitesse de l'air dans le faisceau} \tag{34}$$

$$Pr_P = \frac{\mu\ air \times Cp\ air}{\lambda\ air} = 0{,}708 \qquad\qquad ;\ \text{nombre de Prandtl pour l'air} \tag{35}$$

$\lambda_p = 380$ W/m.K (voir annexe D)

$de = 25{,}4\ .10^{-3}$ m

$P_t = 55.10^{-3}$ m

$n_t = 51{,}5$

$\rho_p = 1{,}2 \ \text{Kg/m}^3$

$\upsilon_p = 15{,}6 \ .10^{-6} \ \text{m}^2/\text{s}$

$\mu \ air = 1{,}8.10^{-5} \ \text{Kg/m.s}$

$Cp \ air = 1000 \ \text{J/Kg}$

$\lambda_{air} = 0{,}0262 \ \text{W/m.K}$

Détermination de ψ :

Dans notre cas

$$P_l^* = \frac{P_l}{de} = \frac{63{,}5}{25{,}4} = 2{,}5 > 1$$

Donc

$$\psi = 1 - \frac{\pi}{4 \, P_t^*} \tag{36}$$

Avec ;

$$P_t^* = \frac{P_t}{de} = \frac{55}{25{,}4} = 2{,}16 \tag{37}$$

Donc

$$\psi = 1 - \frac{\pi}{4 \times 2{,}16} = 0{,}64$$

- **Re** $= 0{,}0002 \ \text{m}^2.\text{K/W}$ (selon le standard TEMA)

5.1.4 Récapitulation

L'étude effectuée nous permet d'élaborer un algorithme de calcul de chaleur dissipée (extraite) en fonction des variables suivantes :

T_{1e} : Température de la vapeur d'eau en entrée

T_{1s} : Température de l'eau en sortie

ρ : masse volumique de la vapeur d'eau

Cp : Capacité calorifique ou chaleur massique de la vapeur d'eau

m_a : débit massique de l'air

$$\varphi = f \ (T_{1e} \,, T_{1s} \,, \rho \,, Cp \,, m_a) \tag{38}$$

5.2 Etude du système moto-ventilateur

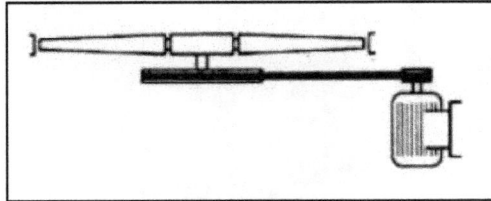

Figure 28 : Système moto-ventilateur

La figure représente le système d'entrainement des pales du ventilateur ; une liaison par courroie assure la transmission du mouvement de rotation de l'arbre moteur vers le ventilateur.

Le moteur de type triphasé asynchrone est commandé par un variateur de vitesse à commande par flux constant.

Le but de cette étude est de chercher une relation entre le débit d'air refoulé par le ventilateur et la commande du variateur de vitesse.

Nous allons procéder comme suit :

5.2.1 Relation entre débit d'air refoulé et vitesse de rotation du ventilateur

D'après CEE ; le débit d'air refoulé est approximativement proportionnel à la vitesse de rotation du ventilateur ; 50% de vitesse de rotation correspond à 50% de débit refoulé. [8]

D'après le fournisseur du ventilateur ;

$m_a = 150 \text{ m}^3/\text{s}$ pour $Vr = 190 \text{ tr/mn}$

En utilisant la règle de trois ;

$150 \text{ m}^3/\text{s} \longrightarrow 190 \text{ tr/mn}$

$100 \text{ m}^3/\text{s} \longrightarrow 126,6 \text{ tr/mn}$

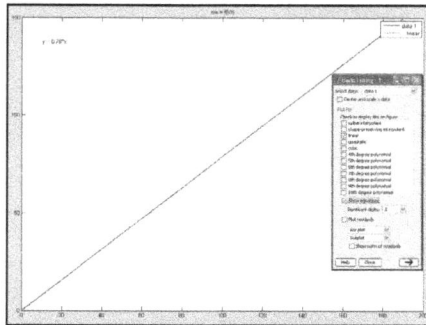

Figure 29 : $m_a = f(Vr)$

Donc $m_a = 0,79\ Vr$

Il est à rappeler que le débit volumique d'air refoulé sera converti en débit massique ; soit en multipliant par la masse volumique de l'air ($\rho_{air} = 1,2\ Kg/m^3$)

5.2.2 Relation entre puissance reçue par le ventilateur et puissance fournie par le moteur

La puissance transmise par courroie subit des pertes du fait du glissement de cette dernière sur les poulies ; ces pertes sont données dans le tableau suivant :

Mode d'entraînement	Pertes
Moteur à entraînement direct (roue du ventilateur directement calée sur l'arbre du moteur)	2 à 5 %
Entraînement par accouplement	3 à 8 %
Transmission par courroies	P moteur < 7,5 kW : 10 %
Transmission par courroies	7,5 kW < P. mot < 11 kW : 8 %
Transmission par courroies	11 kW < P. mot < 22 kW : 6 %
Transmission par courroies	22 kW < P. mot < 30 kW : 5 %
Transmission par courroies	30 kW < P. mot < 55 kW : 4 %
Transmission par courroies	55 kW < P. mot < 75 kW : 3 %
Transmission par courroies	75 kW < P. mot < 100 kW : 2,5 %

Tableau 2 : Pertes de puissance pour différents modes d'entrainement [9]

Dans notre cas les pertes sont de l'ordre de 5%, donc :

$$Pr = 0,95\ Pm \tag{39}$$

$$Cr\ \frac{2\pi}{60}\ Vr = 0,95\ Cm\ \frac{2\pi}{60}\ Vm \tag{40}$$

5.2.3 Relation entre vitesse de rotation du ventilateur et vitesse de rotation de l'arbre moteur

En se basant sur les documents fournis par le constructeur (courbe de variation du couple ventilateur en fonction de la vitesse de rotation du ventilateur et courbe de variation du couple mécanique en fonction de la vitesse de rotation du moteur en annexe E), nous allons extraire une relation entre Vr et Pm.

Démarche :

- Relation entre Cr et Vr :

En utilisant MATLAB, nous déterminons l'équation $Cr = f(Vr)$

Cr (N.m)	Vr (tr/mn)
0	0
0	10
14.715	20
29.43	30
68.67	40
107.91	50
147.15	60
196.2	70
255.06	80
318.82	90
407.11	100
500.31	110
593.5	120
696.51	130
799.51	140
931.95	150
1059.48	160
1187.01	170
1343.97	180
1485.23	190
1653.97	200

Tableau 3 : Valeurs de Cr et Vr

Nous saisissons ces valeurs sous MATLAB ;

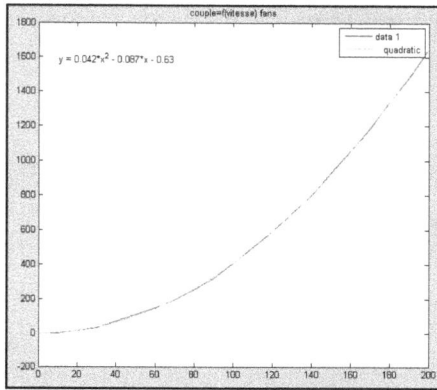

Figure 30 : $Cr = f(Vr)$

$\Rightarrow \quad Cr = 0,042\, Vr^2 - 0,087\, Vr - 0,63$ (41)

- Relation entre *Pm* et *Vm* :

Nous faisons de même pour *Pm* et *Vm* :

Pm (W)	Vm (tr/mn)
0	0
51	49
123	98
277	147
431	196
641	245
985	294
1724	343
2545	392
3417	441
4310	490
6491	539
7666	588
9873	637
12356	686
15010	735
18144	784
21764	833
25954	882
31442	931
35882	980

Tableau 4 : Valeurs de *Pm* et *Vm*

Nous saisissons ces valeurs sous MATLAB;

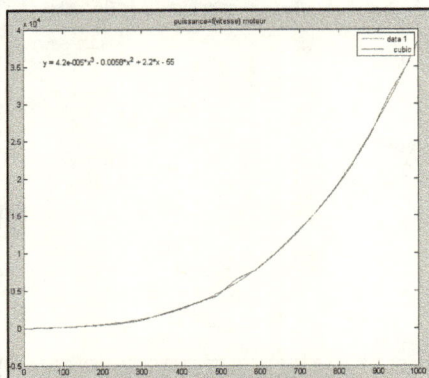

Figure 31 : $Pm = f(Vm)$

$$\implies Pm = 4{,}2.10^{-5} \, Vm^3 - 0{,}0058 \, Vm^2 + 2{,}2 \, Vm - 55 \tag{41}$$

- Relation entre Vr et Pm :

$$\begin{cases} Cr = 0{,}042 \, Vr^2 - 0{,}087 \, Vr - 0{,}63 \\ 0{,}95 \, Pm = Vr \times Cr \end{cases}$$

$$\implies 0{,}95 \, Pm = 0{,}042 \, Vr^3 - 0{,}087 \, Vr^2 - 0{,}63 \, Vr \tag{42}$$

- Relation entre Vr et Vm :

$$Pm = 0{,}042 \, Vr^3 - 0{,}087 \, Vr^2 - 0{,}63 \, Vr \tag{43}$$

Nous obtenons une équation de $3^{\text{ème}}$ degré, cette équation sera résolue par la méthode de Newton :

" La méthode de *Newton*, ou méthode de *Newton-Raphson*, est un algorithme efficace pour trouver des approximations d'un zéro (ou racine) d'une fonction d'une variable réelle à valeurs réelles. L'algorithme consiste à linéariser une fonction f en un point et de prendre le point d'annulation de cette linéarisation comme approximation du zéro recherché." [4]

$$x_{k+1} = x_k - \frac{f(x_k)}{f'(x_k)} \tag{44}$$

5.2.4 Relation entre vitesse de rotation de l'arbre moteur et commande du variateur de vitesse

La vitesse de l'arbre moteur est comprise entre 40 et 100% soit ; 392 et 980 tr/mn.

Le variateur de vitesse est commandé en courant (4 – 20 mA)

Plage :   40 %   ⟶   100 %

Vitesse :   392 tr/mn   ⟶   980 tr/mn

Commande :   4 mA   ⟶   20 mA

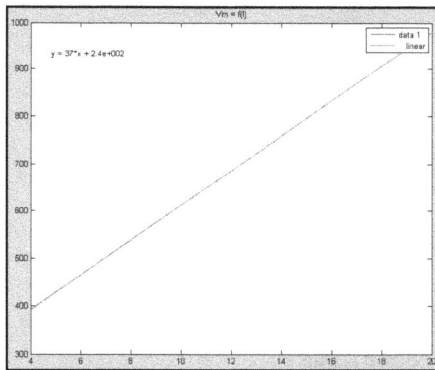

Figure 32 : $Vm = f(I)$

$$\Rightarrow Vm = 37\,I + 240 \tag{45}$$

5.2.5 Récapitulation : $ma = f(I)$

- Les équations à utiliser :

1- $Vm = 37\,I + 240$

2- $Pm = 4{,}2.10^{-5}\,Vm^3 - 0{,}0058\,Vm^2 + 2{,}2\,Vm - 55$

3- $Pm = 0{,}042\,Vr^3 - 0{,}087\,Vr^2 - 0{,}63\,Vr$

4- $m_a = 0{,}79\,Vr$

- Démarche :

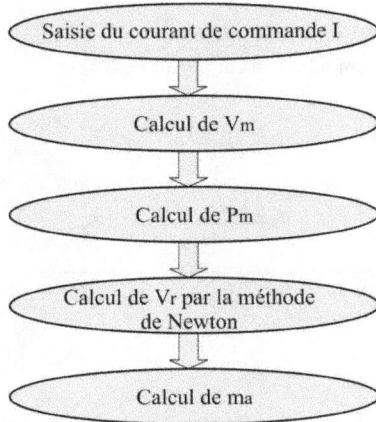

Figure 33 : Démarche pour le calcul de $m_a = f(I)$

Pour le calcul de Vr par la méthode de Newton ;

$$f(x) = 0{,}042\,x^3 - 0{,}087\,x^2 + 2{,}2\,x - Pm \tag{46}$$

$$f'(x) = 0{,}126\,x^2 - 0{,}174\,x - 0{,}63 \tag{47}$$

Racine (valeur de départ): 140

Condition d'arrêt : $\|f(xk+1) - f(xk)\| < \varepsilon$

$\varepsilon = 1\%$ du couple maximal ; soit approximativement 3 N.m

Conclusion

L'étude thermodynamique nous a permis de créer un modèle relationnel pouvant régir le fonctionnement de l'aérocondenseur.

Dans la suite du projet, nous allons nous baser sur ce modèle pour préparer les diagrammes et séquences de fonctionnement de l'équipement et élaborer le système d'automatisme.

Chapitre III
_____

SYSTEME DE CONTROLE, COMMANDE ET SUPERVISION

Introduction

Après la description du fonctionnement de l'équipement, nous allons procéder à son automatisation, le système que nous allons installer démarrera avec la mise en service de l'unité.

Dans ce chapitre, nous allons présenter l'architecture du système que nous avons choisi pour le contrôle, la commande et la supervision de l'unité d'aérocondenseur.

Par la suite, nous allons définir les documents utiles à cette étape et nous allons réaliser des diagrammes logiques de fonctionnements des différentes parties de l'équipement.

1 Système de contrôle, commande et supervision SCADA

Nous allons utiliser le système SCADA pour le contrôle, la commande et la supervision de l'unité aérocondenseur ;

L'architecture du système est la suivante :

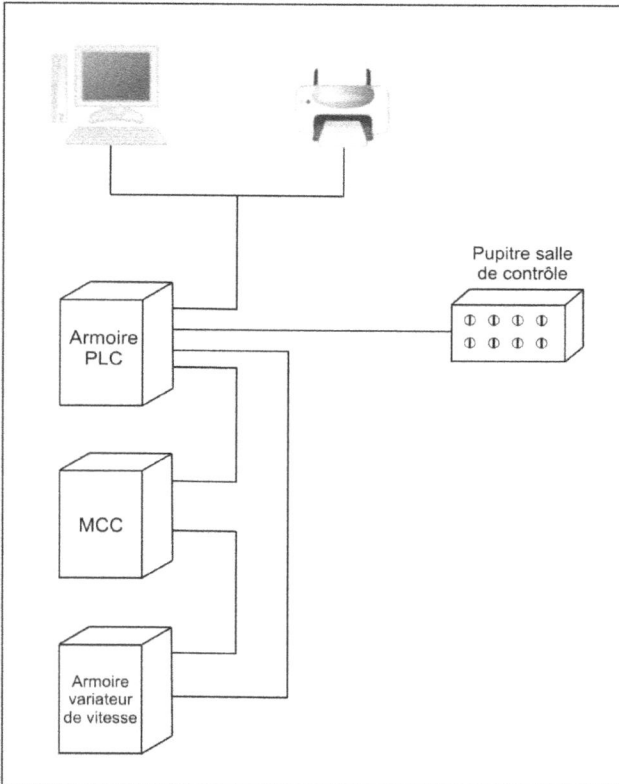

Figure 34 : Architecture du système de commande, contrôle et supervision

Armoire PLC : elle regroupe deux automates A et B, les cartes des entrées/sorties analogiques et numériques, les cartes de communication ainsi que les borniers de connexion.

MCC (Motor Control Center) : regroupe les départs moteurs, les protections contre les surcharges et défauts, les RMF (Relais Multi Fonction), les CPI (Contrôleur Permanant d'Isolement) et les relais auxiliaires.

Armoire variateur de vitesse : contient les variateurs de vitesse des moteurs électriques.

Pupitre : contient les sélecteurs AUTO/MANU et le bouton AU et se trouve dans la salle de commande.

2 Présentation de l'automate

2.1 Architecture des automates programmables

De forme compacte ou modulaire, les automates sont organisés suivant l'architecture suivante :

• Un module d'unité centrale ou CPU, qui assure le traitement de l'information et la gestion de l'ensemble des unités. Ce module comporte un microprocesseur, des circuits périphériques de gestion des entrées/sorties, des mémoires RAM et EEPROM nécessaires pour stocker les programmes, les données, et les paramètres de configuration du système.

• Un module d'alimentation qui, à partir d'une tension 220V/50Hz ou dans certains cas de 24V fournit les tensions continues + /- 5V, +/-12V ou +/-15V.

• Un ou plusieurs modules d'entrées 'Tout Ou Rien' (TOR) ou analogiques pour l'acquisition des informations provenant de la partie opérative (procédé à conduire).

• Un ou plusieurs modules de sorties 'Tout Ou Rien' (TOR) ou analogiques pour transmettre à la partie opérative les signaux de commande. Il y a des modules qui intègrent en même temps des entrées et des sorties. [10]

• Un ou plusieurs modules de communication comprenant :

-Interfaces série utilisant dans la plupart des cas comme support de communication, les liaisons RS-232 ou RS422/RS485 ;

-Interfaces pour assurer l'accès à un bus de terrain ;

-Interface d'accès à un réseau Ethernet.

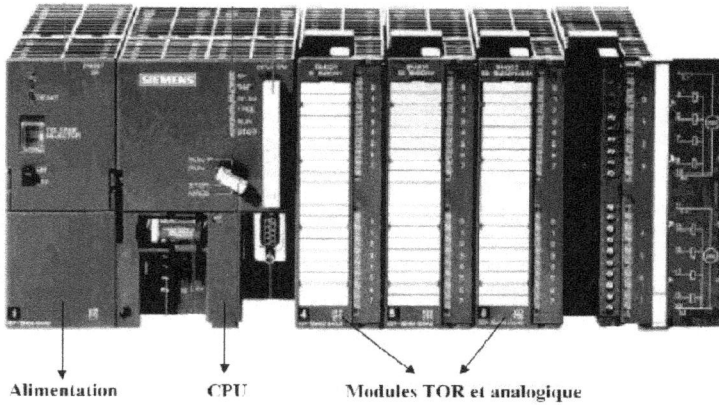

Alimentation   CPU   Modules TOR et analogique

Figure 35 : Automate Programmable Industriel *SIEMENS* [11]

L'automate utilisé dans notre projet appartient à la gamme *SIMATIC S7* de *SIEMENS* ; le *S7300* est un mini-automate modulaire pour les applications d'entrée et de milieu de gamme, avec possibilité d'extensions jusqu'à 32 modules, et une mise en réseau par l'interface multipoint (MPI), PROFIBUS et Industrial Ethernet.

Figure 36 : API *S7300* [11]

2.2 Structure interne des automates programmables

La structure matérielle interne d'un API obéit au schéma donné sur les figures 35 et 37.

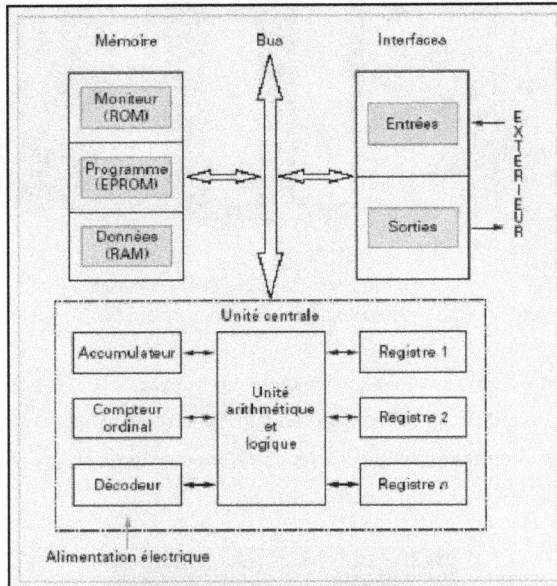

Figure 37 : Structure interne d'un API [12]

Détaillons successivement chacun des composants qui apparaissent sur ces schémas.

2.2.1 Le processeur

Il Constitue le cœur de l'appareil dans l'unité centrale ; En fait, un processeur devant être automatisé, se subdivise en une multitude de domaine et processeur partiels plus petits, lies les uns aux autres.

2.2.2 Les modules d'entrées/sorties

Ils assurent le rôle d'interface entre la CPU et le processus, en récupérant les informations sur l'état de ce dernier et en coordonnant les actions.

Plusieurs types de modules sont disponibles sur le marché selon l'utilisation souhaitée :

• Modules TOR (Tout Ou Rien): l'information traitée ne peut prendre que deux états (vrai/faux, 0 ou 1 …)

C'est le type d'information délivrée par une cellule photoélectrique, un bouton poussoir …etc.

• Modules analogiques : l'information traitée est continue et prend une valeur qui évolue dans une plage bien déterminée. C'est le type d'information délivrée par un capteur (débitmètre, capteur de niveau, thermomètre…etc.).

• Modules spécialisés : l'information traitée est contenue dans des mots codes sous forme binaire ou bien hexadécimale. C'est le type d'information délivrée par un ordinateur ou un module intelligent.

2.2.3 Les mémoires

Un système de processeur est accompagné par un ou plusieurs types de mémoires. Elles permettent :

• De stocker le système d'exploitation dans des ROM ou PROM,

• Le programme dans des EEPROM,

• Les données système lors du fonctionnement dans des RAM. Cette dernière est généralement secourue par pile ou batterie. On peut, en règle générale, augmenter la capacité mémoire par adjonction de barrettes mémoires type PCMCIA.

2.2.4 L'alimentation

Elle assure la distribution d'énergie aux différents modules. L'automate est alimenté généralement par le réseau monophasé 230V-50 Hz mais d'autres alimentations sont possibles (110V …etc.).

2.2.5 Liaisons de communication

Elles Permettent la communication de l'ensemble des blocs de l'automate et des éventuelles extensions.

Les liaisons s'effectuent :

• Avec l'extérieur par des borniers sur lesquels arrivent des câbles transportant le signal électrique ;

• Avec l'intérieur par des bus reliant divers éléments, afin d'échanger des données, des états et des adresses.

3 Définition des documents utilisés

- P&ID : "Piping and Instrumentation Diagram"; diagramme schématique illustrant la tuyauterie, l'équipement et les connexions de l'instrumentation dans l'unité de l'aérocondenseur, ce document est réalisé par le département Process.

- Spécification du système de contrôle : document élaboré par le département Instrumentation dans lequel sont définis les exigences minimales et les spécifications de l'ingénierie de détail pour le système de contrôle pour le projet.

- Schémas électriques : Schéma unifilaire, Tableau MCC ; documents représentant, à l'aide de symboles graphiques, les différentes parties d'un réseau, d'une installation ou d'un équipement qui sont reliées et connectées fonctionnellement, ils ont pour but d'expliquer le fonctionnement des équipements.

- Schémas des armoires automates, variateurs de fréquence : documents représentant la configuration des automates, les E/S du PLC et les connexions fonctionnelles.

- Documentation technique du fournisseur : représente les caractéristiques et les spécifications techniques des composants et des équipements présents dans l'unité de l'aérocondenseur.

4 Identification des entrées/sorties

4.1 Les E/S PLC

Les Entrées/Sorties du PLC se décomposent en :

Entrées PLC analogiques :

TAG	Description
2133TT002	Transmetteur de Température Entrée Condenseur
2133PT002	Transmetteur de Pression Entrée Condenseur
2133PT001	Transmetteur de Pression Manifold 6
2133TT001	Transmetteur de Température Manifold 6
2133LT001	Transmetteur De Niveau Ballon Condensât

Tableau 5 : Entrées PLC Analogiques

Sorties PLC analogiques :

TAG	Description
2130-SVAR-VF10-1	Sortie Variation de Fréquence 1
2130-SVAR-VF10-3	Sortie Variation de Fréquence 2
2130-SVAR-VF10-5	Sortie Variation de Fréquence 3
2130-SVAR-VF10-7	Sortie Variation de Fréquence 4
2130-SVAR-VF10-9	Sortie Variation de Fréquence 5
K-EV-F101	Sortie commande VANT 1 (volets 1+2)
K-EV-F102	Sortie commande VANT 2 (volets 3+4)
K-EV-F103	Sortie commande VANT 3 (volets 5+6)
K-EV-F104	Sortie commande VANT 4 (volets 7+8)
K-EV-F105	Sortie commande VANT 5 (volets 9+10)

Tableau 6 : Sorties PLC Analogiques

Entrées PLC numériques :

TAG	Description
P-220VAC	Présence tension 220 VAC
SA-F10-1-1	Sélecteur en mode Automatique B1-1
SA-F10-1-2	Sélecteur en mode Automatique B1-2
SA-F10-2-1	Sélecteur en mode Automatique B2-1
SA-F10-2-2	Sélecteur en mode Automatique B2-2
SA-F10-3-1	Sélecteur en mode Automatique B3-1
SA-F10-3-2	Sélecteur en mode Automatique B3-2
SA-F10-4-1	Sélecteur en mode Automatique B4-1
SA-F10-4-2	Sélecteur en mode Automatique B4-2
SA-F10-5-1	Sélecteur en mode Automatique B5-1
SA-F10-5-2	Sélecteur en mode Automatique B5-2
SA-P10-A	Sélecteur en mode Automatique P-A
SA-P10-B	Sélecteur en mode Automatique P-B
USD-L-1	Unit Schut Down local -1
USD-L-2	Unit Schut Down local -2
USD-SC	Unit Schut Down Salle de Contrôle
PSD-RC	Process Shut Down Pompes Retour Condensat
ZSH-XV001	Fin de Course Fermeture vanne XV001
ZSH-XV002	Fin de Course Fermeture vanne XV002
ZSH-XV003	Fin de Course Fermeture vanne XV003
ZSH-XV004	Fin de Course Fermeture vanne XV004
2133LSL001	Contacteur de Niveau Bas

Tableau 7 : Entrées PLC Numériques

Sorties PLC numériques :

TAG	Description
CK	Commande Klaxon
2133-ED-10A	Sortie commande contacteur (pompe A)
2133-ED-10B	Sortie commande contacteur (pompe B)
2133-RUN-VF10-1	Variateur de Fréquence en Mode Marche (batterie 1)
2133-ED- F10-2	Sortie Commande Contacteur (batterie 1)
2133-RUN-VF10-3	Variateur de Fréquence en Mode Marche (batterie 2)
2133-ED- F10-4	Sortie Commande Contacteur (batterie 2)
2133-RUN-VF10-5	Variateur de Fréquence en Mode Marche (batterie 3)
2133-ED- F10-6	Sortie Commande Contacteur (batterie 3)
2133-RUN-VF10-7	Variateur de Fréquence en Mode Marche (batterie 4)
2133-ED- F10-8	Sortie Commande Contacteur (batterie 4)
2133-RUN-VF10-9	Variateur de Fréquence en Mode Marche (batterie 5)
2133-ED- F10-10	Sortie Commande Contacteur (batterie 5)
KF-XV-001	Sortie Commande Fermeture Vanne XV001
KF-XV-002	Sortie Commande Fermeture Vanne XV002
KF-XV-003	Sortie Commande Fermeture Vanne XV003
KF-XV-004	Sortie Commande Fermeture Vanne XV004

Tableau 8 : Sorties PLC Numériques

4.2 Tableau d'échange MODBUS

Des informations sont transmises par MODBUS (annexe F) à partir du MCC dans le RMF et de l'armoire variateur, (voir annexe G)

Un exemple de ces informations sont regroupées dans les tableaux suivants et le reste en annexe H:

Tiroir A01 (Batterie 1-1)

Description	Type
Défaut sonde PTC	Numérique
Arrêt urgence	Numérique
Défaut disjoncteur	Numérique
Etat disjoncteur	Numérique
Défaut variateur	Numérique
Marche variateur	Numérique

Tableau 9 : Informations échangées depuis le Tiroir A01

Tiroir A02 (Batterie 1-2)

Description	Type
Défaut PTC	Numérique
Arrêt urgence	Numérique
Etat contacteur	Numérique
Fusion fusible	Numérique
Etat sectionneur	Numérique

Tableau 10 : Informations échangées depuis le tiroir A02

Boite Jonction Instrumentation

Description	Type
VibroSwitch 1	Numérique
VibroSwitch 2	Numérique
VibroSwitch 3	Numérique
VibroSwitch 4	Numérique
VibroSwitch 5	Numérique
VibroSwitch 6	Numérique
VibroSwitch 7	Numérique
VibroSwitch 8	Numérique
VibroSwitch 9	Numérique
VibroSwitch 10	Numérique

Tableau 11 : Informations échangées depuis la Boite Jonction Instrumentation

5 Séquence de démarrage de l'unité d'aérocondenseur (selon le standard ABB)

Pour démarrer, l'unité d'aérocondenseur doit se soumettre aux étapes suivantes :

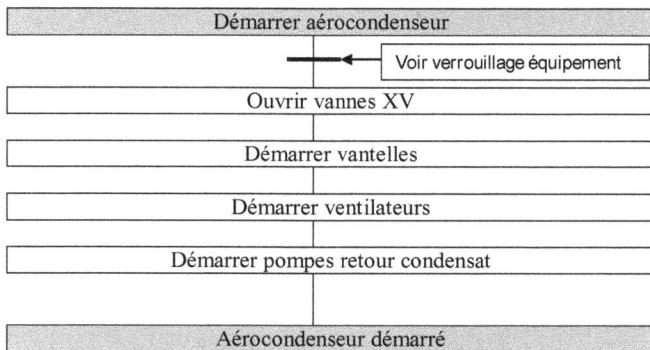

Figure 38 : Séquence de démarrage

6 Séquence d'arrêt de l'aérocondenseur (selon le standard ABB)

Pour arrêter les équipements de l'aérocondenseur, nous devons passer par les étapes suivantes :

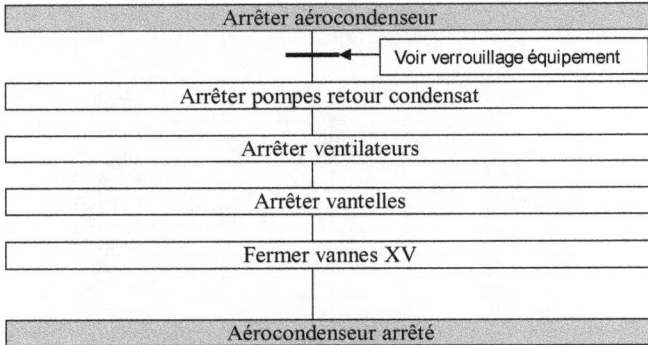

Figure 39 : Séquence d'arrêt

Verrouillage équipement :

Parfois, certaines conditions peuvent empêcher le démarrage d'un actionneur. Ces conditions sont appelées des verrouillages.

Nous définissons dans ce paragraphe les verrouillages relatifs à l'équipement.
Les verrouillages sont classés en 5 catégories différentes :

- *Verrouillages de démarrage :* le PLC teste cette condition au moment de son démarrage. Si cette dernière est satisfaite, l'équipement démarre.

- *Verrouillage de process :* un actionneur ne peut fonctionner correctement que lorsque cette condition est satisfaite. Un verrouillage process permet donc un fonctionnement normal de l'équipement en question.

- *Verrouillage électrique :* cette condition permet d'identifier un défaut électrique dans un sous-équipement.

- *Verrouillage de sécurité USD:* cette condition est nécessaire pour que l'actionneur puisse fonctionner en toute sécurité. Si elle n'est pas satisfaite, l'actionneur n'est pas en mesure de fonctionner.

- *Verrouillage de feedback :* l'actionneur ne teste pas cette action au moment de son démarrage mais plutôt après un certain temps de son démarrage.

Le tableau suivant représente des exemples de verrouillages (interlock), le reste est en annexe I:

Aérocondenseur

Tag capteur / Description		Actions				
		Interlock Démarrage	Interlock Process	Interlock Electrique	Interlock Sécurité USD	Functional Feedback
USD-L-1	Unit Schut Down local -1				X	
BAU-Batterie 1	Bouton Arrêt D'urgence Batterie 1				X	
2130-DJD-10A	Etat disjoncteur (pompe A)	X				
2130-KM-10A	Confirmation contacteur (pompe A)	X				
2130-KA2-10A	Défaut électrique (pompe A)			X		
2130-DJ-F10-1	Etat disjoncteur (Batterie 1-1)	X				
2130-KA2-VF10-1	Variateur de Fréquence en Défaut (Batterie1)			X		
2130-DJ-F10-2	Etat disjoncteur (Batterie 1-2)	X				
2130-KM-F10-2	Confirmation Contacteur (Batterie 1)	X				
2130-KA2-F10-2	Défaut Electrique (Batterie 1)			X		
ZSH-XV001	Fin de Course Fermeture vanne XV001		X			
2130LSL001	Contacteur de Niveau Bas		X			
SA-F10-1-1	Sélecteur en mode Automatique B1-1		X			
SA-F10-1-2	Sélecteur en mode Automatique B1-2		X			
SA-F10-2-1	Sélecteur en mode Automatique B2-1		X			

Tableau 12 : Exemples d'interlock

7 Fonctionnement de l'ensemble ; vannes XV, vantelles et ventilateurs

Le fonctionnement des ventilateurs se fait par paliers ;

A1 : regroupe les batteries 1 et 2

A2 : représente la batterie 2

A3: représente la batterie 3

A4 : représente la batterie 4

P1 : premier palier de fonctionnement

P2 : second palier de fonctionnement

P3 : troisième palier de fonctionnement   (Voir **§2** chapitre II)

P4 : quatrième palier de fonctionnement

USD : Unit Shut Down (Arrêt d'urgence)
PSD : Process Shut Down (Arrêt d'un équipement)

Chaque batterie contient un ventilateur TOR, un ventilateur VSD, une vanne XV et deux vantelles.

Les ventilateurs, dans leur fonctionnement, doivent tenir compte des critères de disponibilité et de volume horaire ; si une batterie est HS (Hors Service), une autre prendra la relève.

Un comparateur de volume horaire de fonctionnement HR ; compare le volume horaire de travail de chaque batterie de ventilateurs et sélectionne en conséquence la batterie la moins utilisée.

Le diagramme fonctionnel est le suivant :

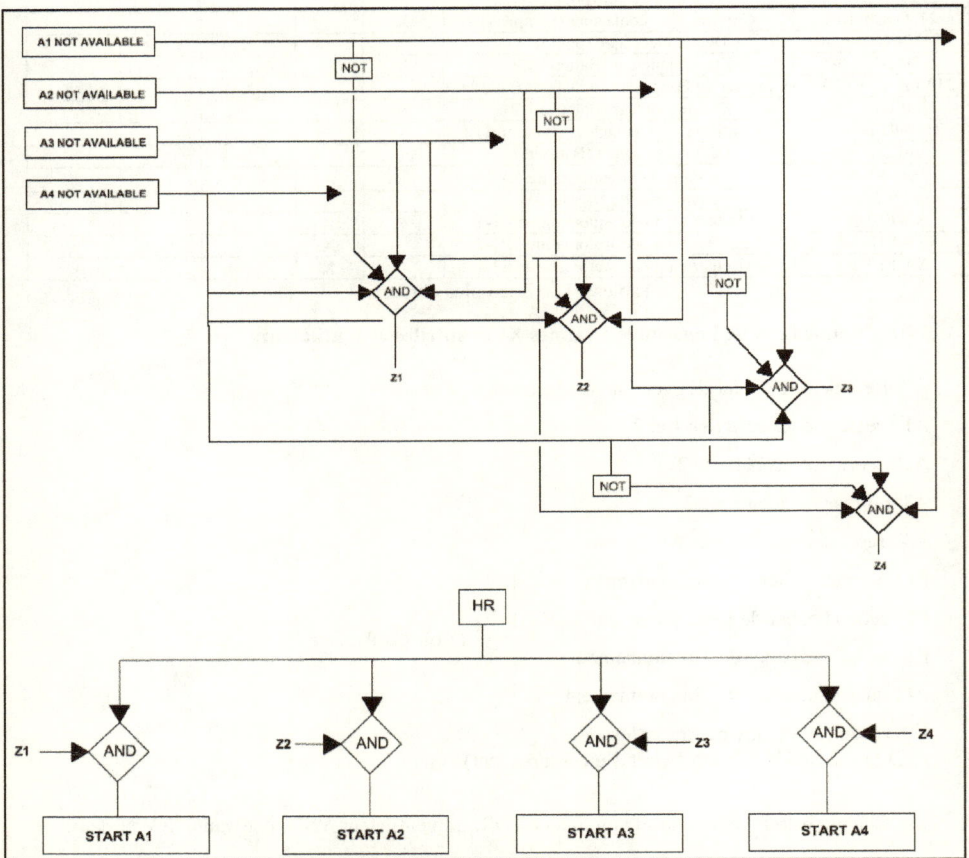

Figure 40 : Diagramme de fonctionnement des batteries de ventilateurs

7.1 Diagrammes de fonctionnement des vannes XV

TAG	Description	Type
2133TT001	Transmetteur de Température Manifold 6	AI
2133PT001	Transmetteur de Pression Manifold 6	AI
USD-L-1	Unit Shut Down local-1	DI
USD-L-2	Unit Shut Down local-2	DI
USD-SC	Unit Shut Down Salle de Contrôle	DI
KF-XV-001	Sortie Commande Fermeture Vanne XV001	DO
KF-XV-002	Sortie Commande Fermeture Vanne XV002	DO
KF-XV-003	Sortie Commande Fermeture Vanne XV003	DO
KF-XV-004	Sortie Commande Fermeture Vanne XV004	DO

Tableau 13 : Listes des E/S relatives au fonctionnement des vannes XV

Avec ;
AI (Analogic Input) : Entrée Analogique
DI (Digital Input) : Entrée Numérique
AO (Analogic Output) : Sortie Analogique
DO (Digital Output) : Sortie Numérique

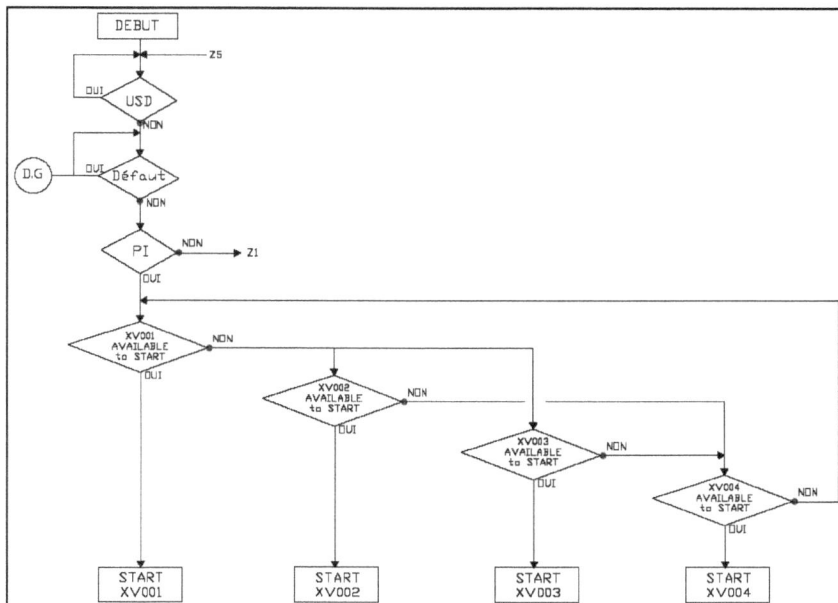

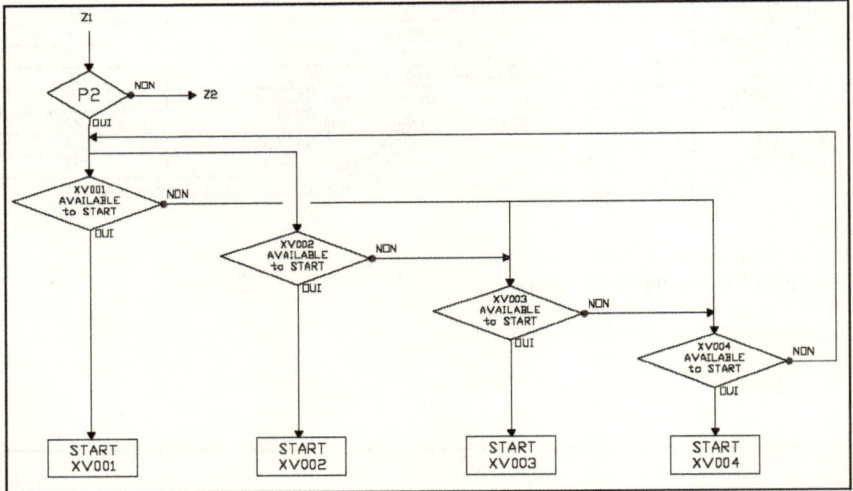

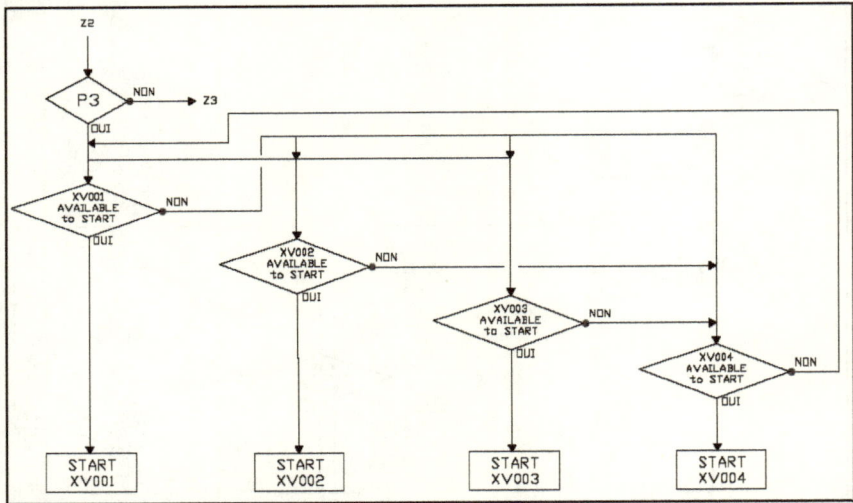

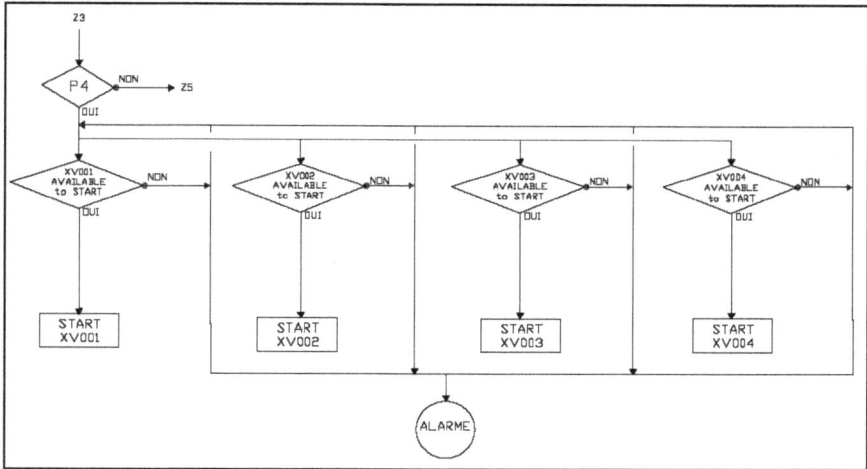

Figure 41 : Diagrammes de fonctionnement des vannes XV

7.2 Diagramme de fonctionnement des vantelles

TAG	Description	Type
2133TT001	Transmetteur de Température Manifold 6	AI
2133PT001	Transmetteur de Pression Manifold 6	AI
ZSH-XV001	Fin de Course Fermeture vanne XV001	DI
ZSH-XV002	Fin de Course Fermeture vanne XV002	DI
ZSH-XV003	Fin de Course Fermeture vanne XV003	DI
ZSH-XV004	Fin de Course Fermeture vanne XV004	DI
K-EV-F101	Sortie Commande Volets (1+2)	AO
K-EV-F102	Sortie Commande Volets (3+4)	AO
K-EV-F103	Sortie Commande Volets (5+6)	AO
K-EV-F104	Sortie Commande Volets (7+8)	AO
K-EV-F105	Sortie Commande Volets (9+10)	AO

Tableau 14 : Listes des E/S relatives au fonctionnement des vantelles

Avec ;
AI (Analogic Input) : Entrée Analogique
DI (Digital Input) : Entrée Numérique
AO (Analogic Output) : Sortie Analogique
DO (Digital Output) : Sortie Numérique

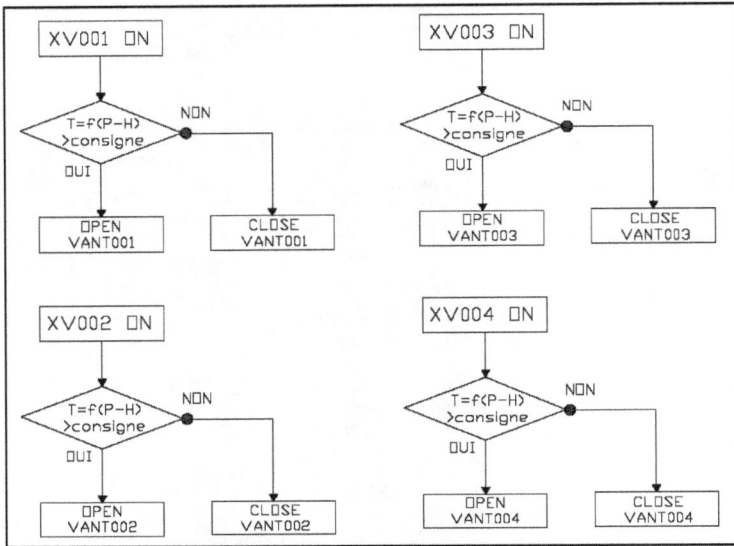

Figure 42 : Diagramme de fonctionnement des vantelles

7.3 Fonctionnement des ventilateurs

En se basant sur l'étude thermodynamique (**§5** chapitre II), nous allons définir le fonctionnement des ventilateurs ;

Après calcul de la chaleur à extraire de la vapeur d'eau en entrée (**§5.1.4** chapitre II), nous déterminons le nombre de ventilateurs à faire fonctionner.

Pour savoir la cadence à imposer à un ventilateur VSD, nous nous basons sur l'équation (38):

$$\varphi = f\left(T_{1e}, T_{1s}, \rho, Cp, m_a\right)$$

Nous allons élaborer le diagramme de fonctionnement des ventilateurs de la batterie 1, les ventilateurs des autres batteries auront le même diagramme de fonctionnement.

TAG	Description	Type
2133TT001	Transmetteur de Température Manifold 6	AI
2133PT001	Transmetteur de Pression Manifold 6	AI
2130-SVAR-VF10-1	Sortie Variation de Fréquence 1	AO
2133-RUN-VF10-1	Variateur de Fréquence en Mode Marche (batterie 1)	DO
2133-ED- F10-2	Sortie Commande Contacteur (batterie 1)	DO

Tableau 15 : Listes des E/S relatives au fonctionnement des ventilateurs de la batterie 1

Avec ;

AI (Analogic Input) : Entrée Analogique
DI (Digital Input) : Entrée Numérique
AO (Analogic Output) : Sortie Analogique
DO (Digital Output) : Sortie Numérique

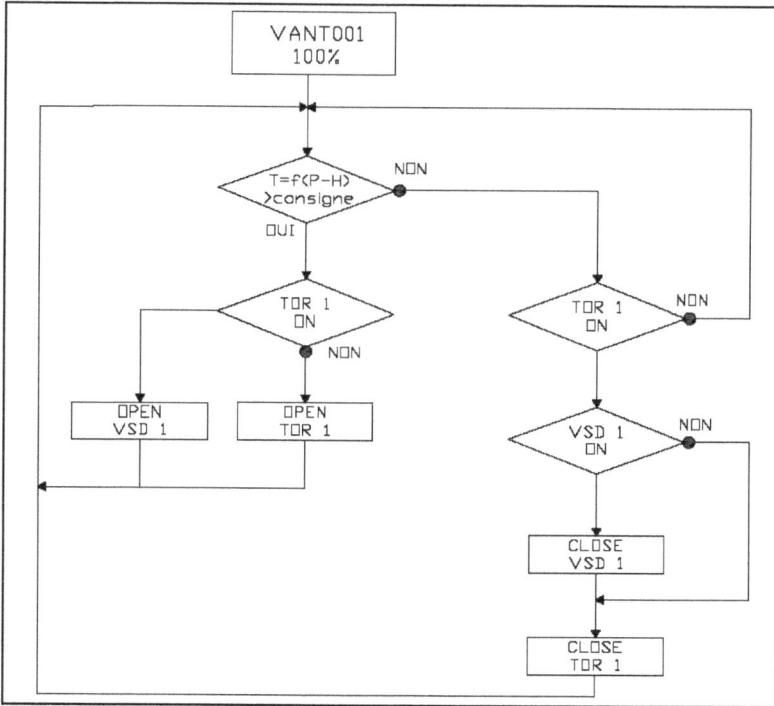

Figure 43 : Diagramme de fonctionnement des ventilateurs de la batterie 1

8 Fonctionnement des pompes retour condensât

Les Pompes Retour Condensât P10/A et P10/B doivent fonctionner en 1+1 ;

L'une des pompes est en fonctionnement et l'autre en "stand by",

En cas d'activation du niveau haut du ballon à condensât, les deux pompes seront sollicitées simultanément.

LIT (Level Indicator Transmetter) : Transmetteur d'indication de niveau

LSL (Level Switch Low) : représente le niveau bas critique du condensât

LSH (Level Switch High) : représente le niveau de condensât en dessous duquel une seule pompe est sollicitées et dessus duquel les deux pompes sont sollicités.

LSHH (Level Switch High High) : représente le niveau haut critique de condensât à ne pas atteindre.

D.G : Défaut Général

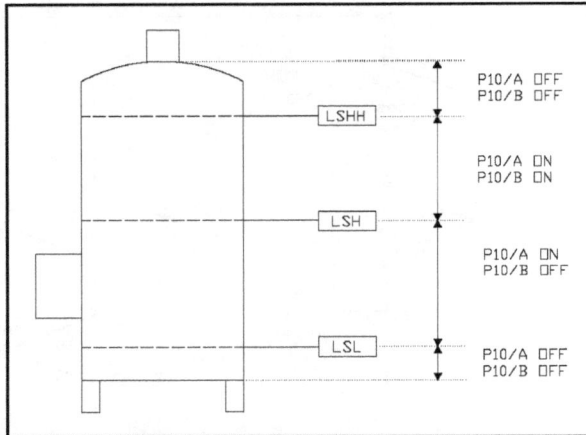

Figure 44 : Schéma du ballon à condensât

TAG	Description	Type
2133LT001	Transmetteur de Niveau Ballon Condensat	AI
SA-P10-A	Sélecteur en Mode Automatique P-A	DI
SA-P10-B	Sélecteur en Mode Automatique P-B	DI
2133-ED-10A	Sortie Contacteur Pompe A	DO
2133-ED-10B	Sortie Contacteur Pompe B	DO
PSD-P	Process Shut Down Pompes	DI
2133LSL001	Contacteur de Niveau Bas	DI

Tableau 16 : Listes des E/S relatives au fonctionnement des pompes

Avec ;
AI (Analogic Input) : Entrée Analogique
DI (Digital Input) : Entrée Numérique
AO (Analogic Output) : Sortie Analogique
DO (Digital Output) : Sortie Numérique

Le schéma de principe de fonctionnement des pompes retour condensât pour assurer la disponibilité du système est le suivant :

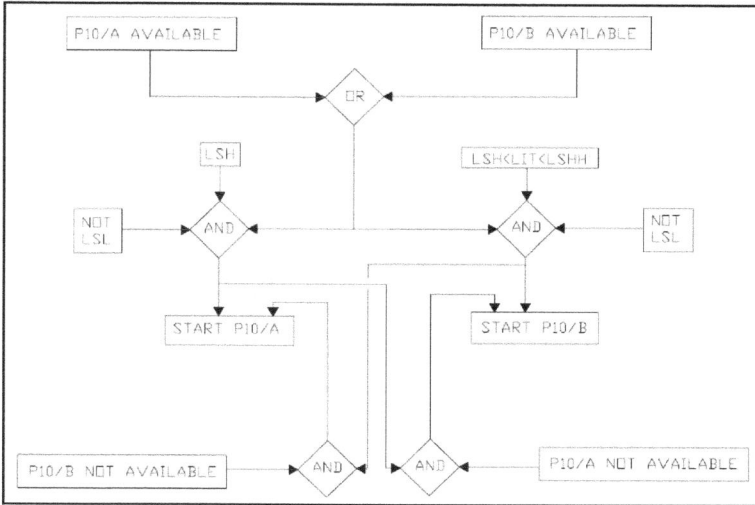

Figure 45 : Diagramme fonctionnel des pompes retour condensât

Le diagramme de démarrage des pompes est le suivant :

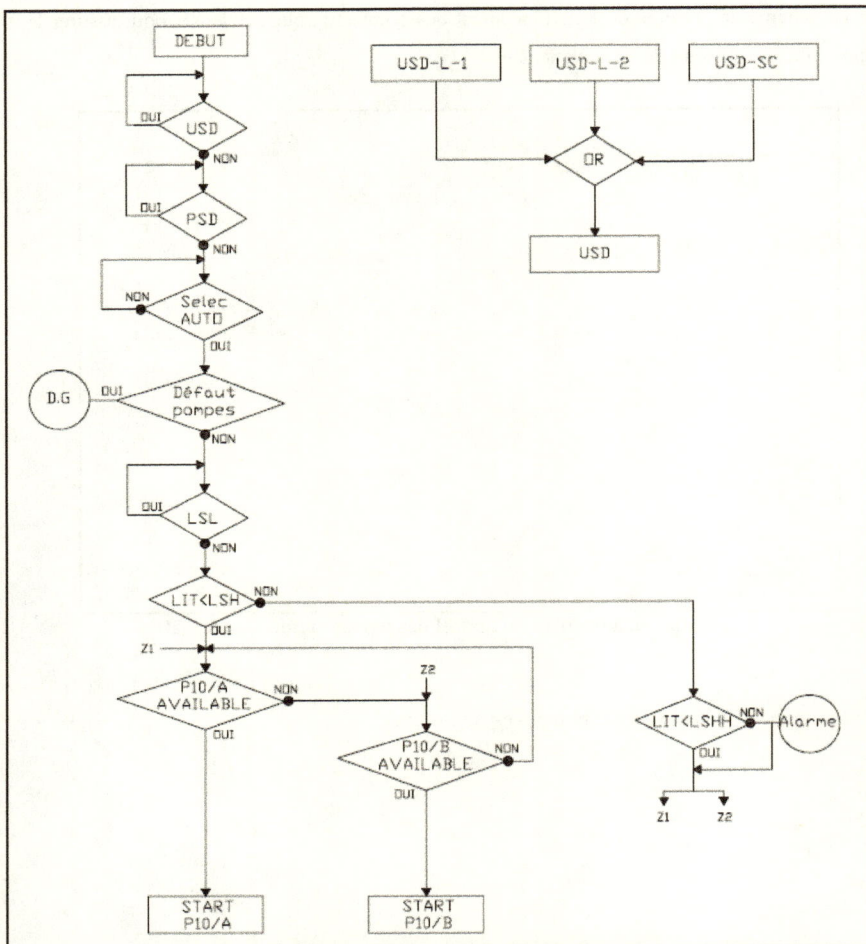

Figure 46 : Diagramme de démarrage des pompes P10/A et P10/B

Conclusion

Le choix de l'architecture du système de contrôle, commande et supervision et l'élaboration de la documentation technique est une étape cruciale pour l'élaboration du programme d'automatisme de l'unité d'aérocondenseur.

Dans ce qui va suivre, nous allons détailler les principaux volets de la programmation de l'automate.

Chapitre IV

PROGRAMMATION DE L'AUTOMATE

Introduction

Pour piloter l'unité de l'aérocondenseur, nous allons réaliser un programme que nous allons implanter dans l'automate grâce au logiciel de conception de programmes de systèmes d'automatisation *SIMATIC STEP7*.

Dans ce chapitre, nous allons présenter le logiciel *STEP7* et nous allons décrire l'implantation du programme d'automatisation.

1 Description du logiciel *STEP7*

STEP7 est le progiciel de base pour la configuration et la programmation de systèmes d'automatisation *SIMATIC S300* et *S400*. Il fait partie de l'industrie logicielle *SIMATIC*. Le logiciel de base assiste dans toutes les phases du processus de création de la solution d'automatisation, La conception de l'interface utilisateur du logiciel *STEP7* répond aux connaissances ergonomiques modernes. [13]

STEP7 comporte les quatre sous logiciels de base suivants :

1.1 Gestionnaire de projets *SIMATIC Manager*

SIMATIC Manager constitue l'interface d'accès à la configuration et à la programmation.

Ce gestionnaire de projets présente le programme principal du logiciel *STEP7* il gère toutes les données relatives à un projet d'automatisation, quelque soit le système cible sur lequel elles ont été créées. Le gestionnaire de projets *SIMATIC* démarre automatiquement les applications requises pour le traitement des données sélectionnées.

1.2 Editeur de programme et les langages de programmation

Les langages de programmation CONT, LIST et LOG, font partie intégrante du logiciel de base.

- Le schéma à contacts (CONT) est un langage de programmation graphique. La syntaxe des instructions fait penser aux schémas de circuits électriques. Le langage

CONT permet de suivre facilement le trajet du courant entre les barres d'alimentation en passant par les contacts, les éléments complexes et les bobines. [14]

- La liste d'instructions (LIST) est un langage de programmation textuel proche de la machine. Dans un programme LIST, les différentes instructions correspondent, dans une large mesure, aux étapes par lesquelles la CPU traite le programme. [14]

- Le logigramme (LOG) est un langage de programmation graphique qui utilise les boites de l'algèbre de Boole pour représenter les opérations logiques. Les fonctions complexes, comme par exemple les fonctions mathématiques, peuvent être représentées directement combinées avec les boites logiques. [14]

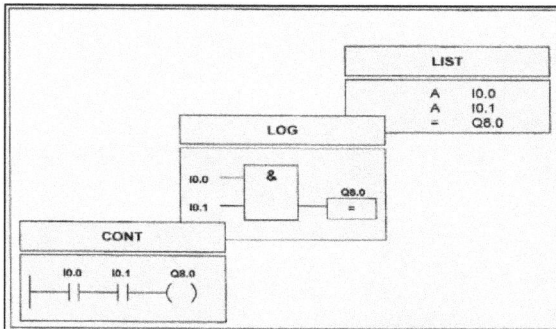

Figure 47: Mode de représentation des langages basiques de programmation *STEP7* [15]

1.3 Paramétrage de l'interface PG-PC

Cet outil sert à paramétrer l'adresse locale des PG/PC, la vitesse de transmission dans le réseau MPI (Multi-Point Interface ; protocole de réseau propre à *SIEMENS*) ou PROFIBUS en vue d'une communication avec l'automate et le transfert du projet.

1.4 Le simulateur des programmes *PLCSIM*

L'application de simulation de modules *S7-PLCSIM* permet d'exécuter et de tester le programme dans un Automate Programmable (AP) qu'on simule dans un ordinateur ou dans une console de programmation. La simulation étant complètement réalisée au sein du logiciel *STEP7*, il n'est pas nécessaire qu'une liaison soit établie avec un matériel S7 quelconque (CPU ou module de signaux). L'AP *S7* de simulation permet de tester des programmes destinés aux CPU *S7-300* et aux CPU *S7-400*, et de remédier à d'éventuelles erreurs. [16]

S7-PLCSIM dispose d'une interface simple permettant de visualiser et de forcer les différents paramètres utilisés par le programme (comme, par exemple, d'activer ou de désactiver des entrées). Tout en exécutant le programme dans l'AP de simulation, on a également la possibilité de mettre en œuvre les diverses applications du logiciel *STEP7* comme, par exemple, la table des variables (VAT) afin d'y visualiser et d'y forcer des variables.

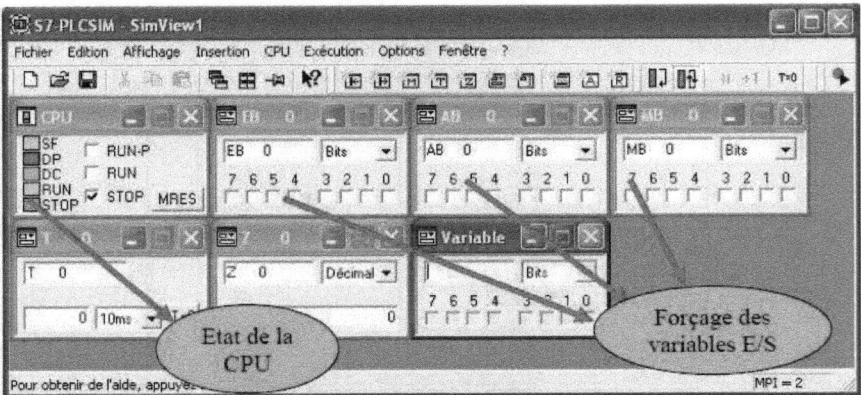

Figure 48 : Interface de simulation *PLCSIM*

1.5 Stratégie pour la conception d'une structure programme complète et optimisée

La mise en place d'une solution d'automatisation avec *STEP7* nécessite la réalisation des taches fondamentales suivantes :

- Création du projet *SIMATIC STEP7*

- Configuration matérielle *HW Config*

Dans une table de configuration, on définit les modules mis en œuvre dans la solution d'automatisation ainsi que les adresses permettant d'y accéder depuis le programme utilisateur, pouvant en outre, y paramétrer les caractéristiques des modules.

- Définition des mnémoniques

Dans une table des mnémoniques, on remplace des adresses par des mnémoniques locales ou globales de désignation plus évocatrice afin de les utiliser dans le programme.

- Création du programme utilisateur

En utilisant l'un des langages de programmation mis à disposition, on crée un programme affecté ou non à un module, qu'on enregistre sous forme de blocs, de sources ou de diagrammes.

- Exploitation des données:

Création des données de références : Utiliser ces données de référence afin de faciliter le test et la modification du programme utilisateur et la configuration des variables pour le "controlecommande"

- Test du programme et détection d'erreurs

Pour effectuer un test, on a la possibilité d'afficher les valeurs de variables depuis le programme utilisateur ou depuis une CPU, d'affecter des valeurs à ces variables et de créer une table des variables qu'on souhaite afficher ou forcer.

- Chargement du programme dans le système cible

Une fois la configuration, le paramétrage et la création du programme terminés, on peut transférer le programme utilisateur complet ou des blocs individuels dans le système cible (module programmable de la solution matérielle). La CPU contient déjà le système d'exploitation.

- Surveillance du fonctionnement et diagnostic du matériel

La détermination des causes d'un défaut dans le déroulement d'un programme utilisateur se fait à l'aide de la « Mémoire tampon de diagnostic », accessible depuis le *SIMATIC Manager*.

2 Réalisation du programme de l'unité de l'aérocondenseur

2.1 Création du projet dans *SIMATIC Manager*

Afin de créer un nouveau projet *STEP7*, il nous est possible d'utiliser « l'assistant de création de projet », ou bien créer le projet soi même et le configurer directement, cette dernière est un peu plus complexe, mais nous permet aisément de gérer notre projet.

En sélectionnant l'icone *SIMATIC Manager*, on affiche la fenêtre principale, pour sélectionner un nouveau projet et le valider.

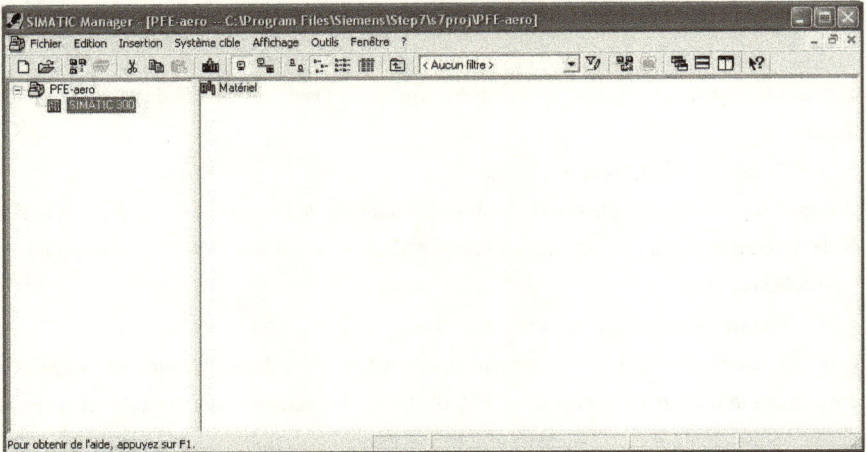

Figure 49 : Page de démarrage de *STEP7*

Comme le projet est vide il nous faut insérer une station *SIMATC 300*.

Deux approches sont possibles. Soit on commence par la création du programme puis la configuration matérielle ou bien l'inverse.

2.2 Configuration matérielle (Partie Hardware)

C'est une étape importante, qui correspond à l'agencement des châssis, des modules et de la périphérie décentralisée.

Les modules sont fournis avec des paramètres définis par défaut en usine. Une configuration matérielle est nécessaire pour :

- Modifier les paramètres ou les adresses prérègles d'un module,
- Configurer les liaisons de communication.

Le choix du matériel *SIMATIC S300* avec une CPU314 nous conduit à introduire la hiérarchie suivante :

On commence par le choix du châssis selon la station choisie auparavant, Pour la station *SIMATIC S300*, on aura le châssis « RACK-300 » qui comprend un rail profilé.

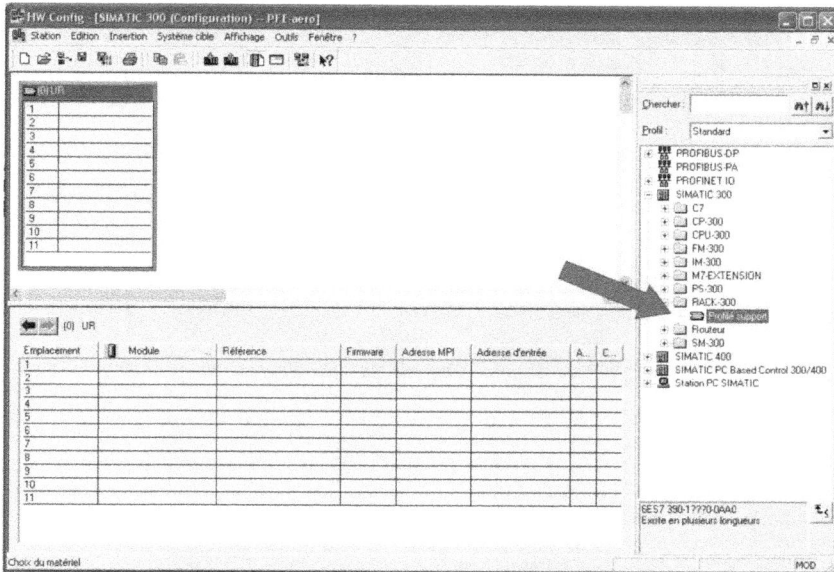

Figure 50 : Choix du RACK

Sur ce profile, l'alimentation préalablement sélectionnée se trouve dans l'emplacement n°1.

Parmi celles proposées notre choix s'est porte sur la « PS-307 5A ».

La « CPU 314 » est impérativement mise à l'emplacement n°2.

L'emplacement n°3 est réservé comme adresse logique pour un coupleur dans une configuration multi-châssis.

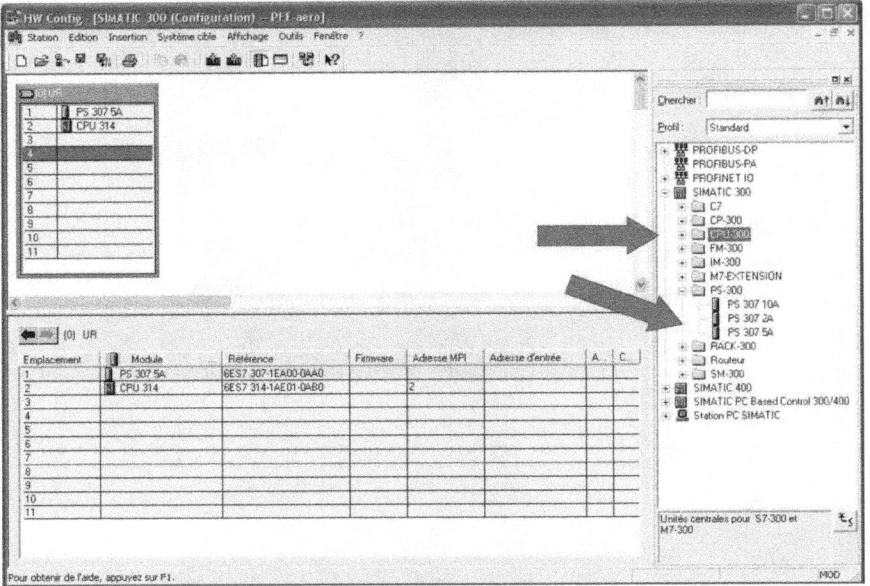

Figure 51 : Choix du CPU et de l'alimentation

A partir de l'emplacement 4, il est possible de monter au choix jusqu'a 8 modules de signaux (SM), processeurs de communication (CP) ou modules fonctionnels (FM).

Nous allons y mettre les modules d'entrées et de sorties analogiques et numériques ; D'après l'identification des E/S du PLC dans le chapitre III il y a :

- 4 entrées analogiques (AI)
- 10 sorties analogiques (AO)
- 21 entrées numériques (DI)
- 17 sorties numérique (DO)

Pour assurer la flexibilité du système, 20% de réserves des E/S sont à pourvoir lors de l'implantation du PLC, donc les cartes des E/S sont comme suit :

- 2 embases de 4 entrées analogiques (2 × 4 AI)
- 3 embases de 4 sorties analogiques (3 × 4 AO)
- Une embase de 32 entrées numériques (32 DI)
- Une embase de 32 sorties numériques (32 DO)

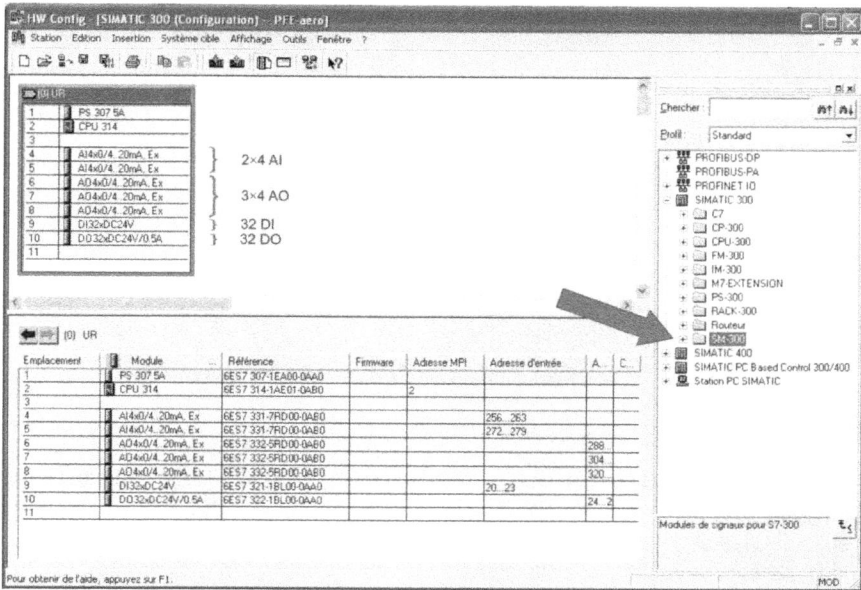

Figure 52 : Choix des embases d'E/S

Apres cela il ne nous reste qu'à enregistrer et compiler.

La configuration matérielle étant terminée, un dossier « Programme *S7* » est automatiquement inséré dans le projet, comme indique dans la figure suivante :

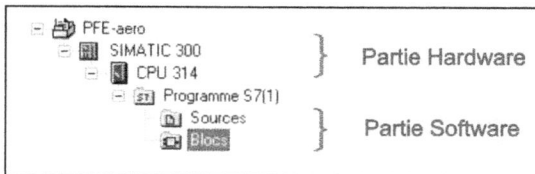

Figure 53 : Hiérarchie du programme *STEP7*

2.3 Création de la table des mnémoniques (Partie Software)

Dans tout programme il faut définir la liste des variables qui vont être utilisées lors de la programmation. Pour cela la table des mnémoniques est crée. L'utilisation des noms appropriés rend le programme plus compréhensible est plus facile à manipuler. Ce type d'adressage est appelé « relatif ».

Pour créer cette table, on suit le cheminement suivant :

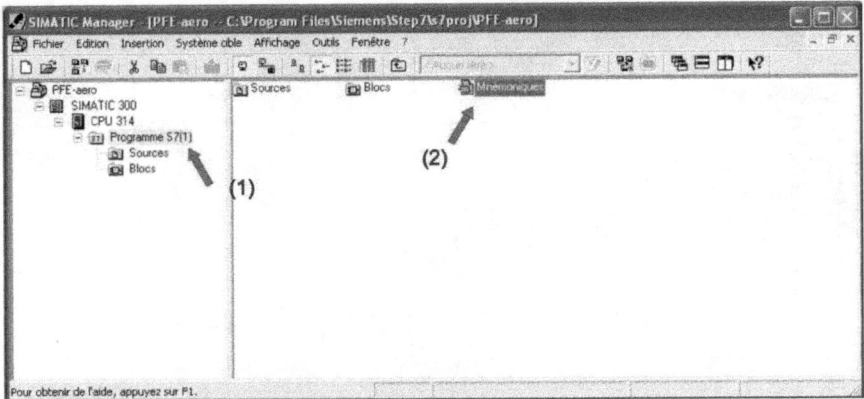

Figure 54 : Création des mnémoniques

On édite la table des mnémoniques en respectant notre cahier de charges, pour les entrées et les sorties.

	Etat	Mnémonique	Opérande		Type d	Commentaire
4		volet2	PAW	300	WORD	commande volet 2
5		volet1	PAW	298	WORD	commande volet 1
6		var5	PAW	296	WORD	commande variateur de frequence 5
7		var4	PAW	294	WORD	commande variateur de frequence 4
8		var3	PAW	292	WORD	commande variateur de frequence 3
9		var2	PAW	290	WORD	commande variateur de frequence 2
10		var1	PAW	288	WORD	commande variateur de frequence 1
11		pression-sortie	PEW	260	WORD	
12	X		PEW	268	WORD	resreve
13	X		PAW	310	WORD	resreve
14		temp-sortie	PEW	262	WORD	
15		temp-entree	PEW	256	WORD	
16	X		PEW	270	WORD	resreve
17		pression-entree	PEW	258	WORD	
18		niveau-ballon	PEW	264	WORD	
19		volet5	PAW	306	WORD	commande volet 5
20	X		PAW	308	WORD	resreve
21		USD-SC	E	21.7	BOOL	Unit Shut Down Salle de Controle
22		selec-auto-A3-2	E	20.6	BOOL	
23		selec-auto-A3-1	E	20.5	BOOL	
24		selec-auto-A2-2	E	20.4	BOOL	
25		selec-auto-A2-1	E	20.3	BOOL	
26		selec-auto-A1-2	E	20.2	BOOL	
27		selec-auto-A1-1	E	20.1	BOOL	
28		selec-auto-A4-1	E	20.7	BOOL	
29		selec-auto-A4-2	E	21.0	BOOL	
30		selec-auto-A5-1	E	21.1	BOOL	
31		220VAC	E	20.0	BOOL	présence tension
32		selec-auto-P10A	E	21.3	BOOL	
33		selec-auto-P10B	E	21.4	BOOL	
34		USD-L1	E	21.5	BOOL	Unit Shut Down Local 1

Figure 55 : Table des mnémoniques du projet

2.4 Elaboration du programme *S7* (Partie Software)

2.4.1 Les blocs de code

Le dossier bloc, contient les blocs que l'on doit charger dans la CPU pour réaliser la tache d'automatisation, il englobe :

- Les blocs de code (OB, FB, SFB, FC, SFC) qui contiennent les programmes,
- Les blocs de données DB d'instance et DB globaux qui contiennent les paramètres du programme.

2.4.1.1 Les blocs d'organisation (OB)

Les OB sont appelés par le système d'exploitation, on distingue plusieurs types :

- ceux qui gèrent le traitement de programmes cycliques
- ceux qui sont déclenchés par un événement,
- ceux qui gèrent le comportement à la mise en route de l'automate programmable
- et en fin, ceux qui traitent les erreurs. [15]

Le bloc OB1 est généré automatiquement lors de la création d'un projet. C'est le programme cyclique appelé par le système d'exploitation.

2.4.1.2 Les blocs fonctionnels (FB), (SFB)

Le FB est un sous programme écrit par l'utilisateur et exécuté par des blocs de code. On lui associe un bloc de données d'instance relatif à sa mémoire et contenant ses paramètres. Les SFB système sont utilisés pour des fonctions spéciales intégrées dans la CPU. [15]

2.4.1.3 Les fonctions (FC), (SFC)

La FC contient des routines pour les fonctions fréquemment utilisées. Elle est sans mémoire et sauvegarde ses variables temporaires dans la pile de données locales. Cependant elle peut faire appel à des blocs de données globaux pour la sauvegarde de ses données. [15]

Les SFC sont utilisées pour des fonctions spéciales, intégrées dans la CPU S7, elle est appelée à partir du programme.

2.4.1.4 Les blocs de données (DB)

Ces blocs de données servent uniquement à stocker des informations et des données mais pas d'instructions comme les blocs de code. Les données utilisateurs stockés seront utilisées par la suite par d'autres blocs.

2.4.2 Création du programme de l'unité d'aérocondenseur

2.4.2.1 Architecture du programme réalisé

Le programme réalisé contient les blocs suivants :

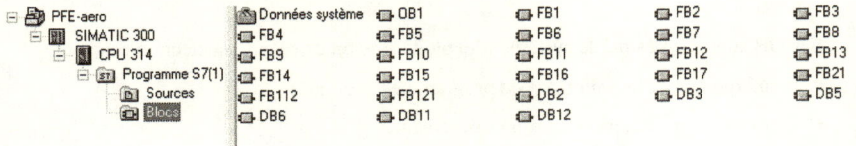

```
⊟ 🖳 PFE-aero           📄 Données système   🔷 OB1      🔷 FB1      🔷 FB2      🔷 FB3
   ⊟ 🖳 SIMATIC 300      🔷 FB4      🔷 FB5      🔷 FB6      🔷 FB7      🔷 FB8
      ⊟ 🖳 CPU 314        🔷 FB9      🔷 FB10     🔷 FB11     🔷 FB12     🔷 FB13
         ⊟ 🖳 Programme S7(1)  🔷 FB14     🔷 FB15     🔷 FB16     🔷 FB17     🔷 FB21
            📁 Sources     🔷 FB112    🔷 FB121    🔷 DB2      🔷 DB3      🔷 DB5
            📁 Blocs       🔷 DB6      🔷 DB11     🔷 DB12
```

Figure 56 : Blocs du projet

Nous allons représenter les liaisons qui existent entre quelques blocs, cette architecture est donnée par la figure 57.

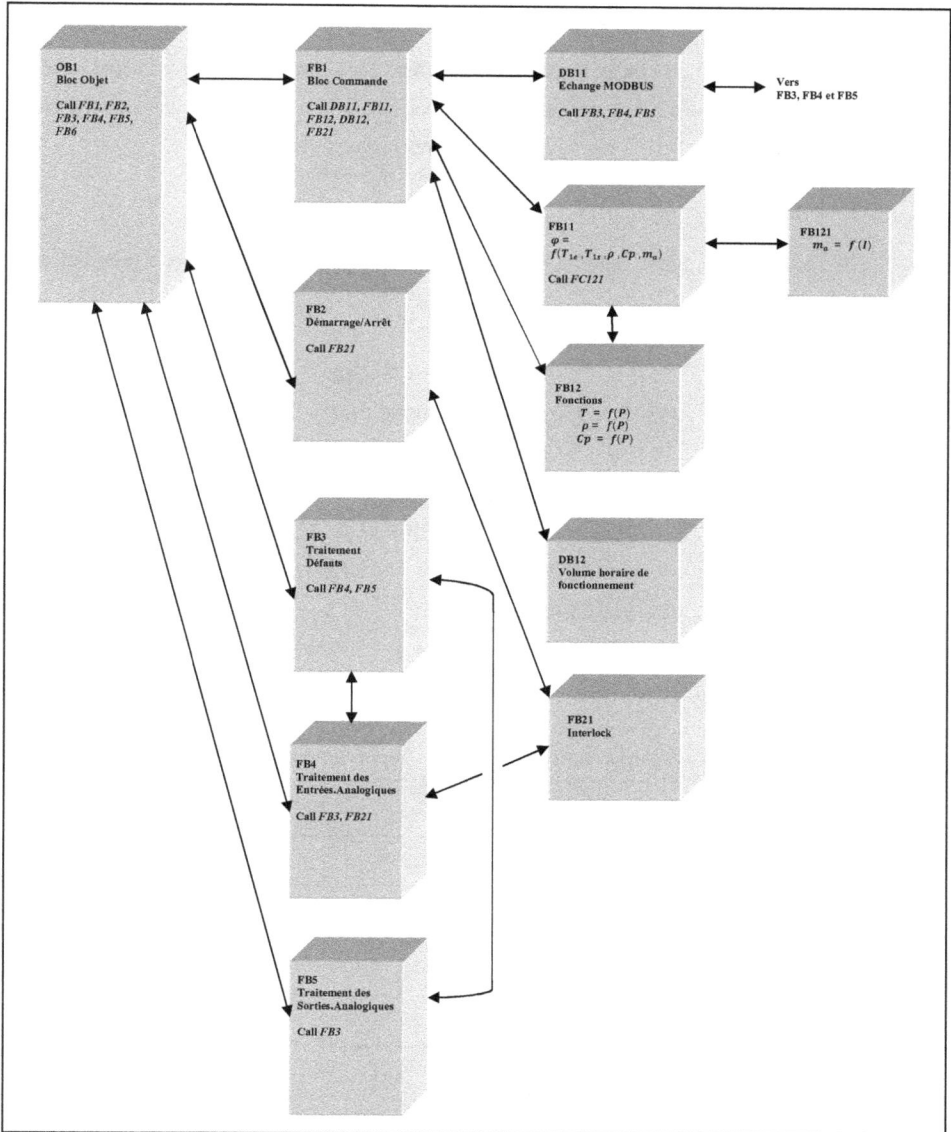

Figure 57 : Architecture des blocs du projet

2.4.2.2 Programmation des blocs

La programmation des blocs se fait du plus profond sous-bloc vers le bloc principal ; nous avons choisi le langage de programmation à contact (CONT), nous allons commencer par programmer le bloc FC121 et rebrousser chemin vers le bloc OB1.

- **FB121 :**

Ce bloc est programmé selon la démarche faite dans **§5.2.5** chapitre II et a pour but de trouver $m_a = f(I)$,

Les équations et paramètres à utiliser sont:

$$Vm = 37\,I + 240$$
$$Pm = 4{,}2.10^{-5}\,Vm^3 - 0{,}0058\,Vm^2 + 2{,}2\,Vm - 55$$
$$Pm = 0{,}042\,Vr^3 - 0{,}087\,Vr^2 - 0{,}63\,Vr$$
$$m_a = 0{,}79\,Vr$$
$$f(x) = 0{,}042\,x^3 - 0{,}087\,x^2 + 2{,}2\,x - Pm$$
$$f'(x) = 0{,}126\,x^2 - 0{,}174\,x - 0{,}63$$

Racine (valeur de départ): 140

Condition d'arrêt : $\|f(xk+1) - f(xk)\| < \varepsilon$

La programmation se fait par réseaux ; le FB121 contient 9 réseaux ; dont voici un aperçu :

FB121 : Bloc Fonctionnel De calcul d'air ventilateur

Commentaire :

Réseau 1: calcul Vitesse rotation ventilo

Commentaire :

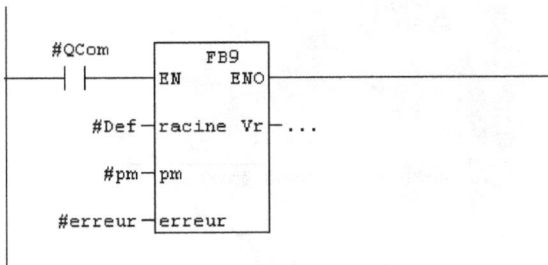

Réseau 4 : calcul de la puissance mécanique du moteur du ventilo

Commentaire :

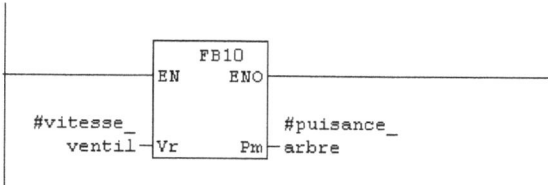

Réseau 5 : calcul de la vitesse de rotation du moteur

Commentaire :

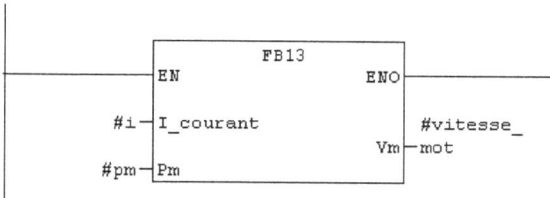

- **DB11 :**

Le bloc de données DB11 contient les informations échangées par MODBUS, il est programmé en insérant les informations dans un tableau dont voici un aperçu:

Adresse	Nom	Type	Valeur initiale	Commentaire
0.0		STRUCT		
+0.0	ptc_tr01	BOOL	FALSE	defaut PTC tiroir01
+0.1	AU_tr01	BOOL	FALSE	arret urgence tiroir01
+0.2	def_disj_tr01	BOOL	FALSE	defaut disjoncteur tiroir01
+0.3	etat_disj_tr01	BOOL	FALSE	etat disjoncteur tiroir01
+0.4	def_var_tr01	BOOL	FALSE	defaut variateur tiroir01
+0.5	march_var_tr01	BOOL	FALSE	marche variateur tiroir01
+0.6	ptc_tr02	BOOL	FALSE	defaut PTC tiroir02
+0.7	AU_tr02	BOOL	FALSE	arret urgence tiroir02
+1.0	etat_cont_tr02	BOOL	FALSE	etat contacteur tiroir02
+1.1	fuse_tr02	BOOL	FALSE	fusion fusible tiroir02
+1.2	etat_sec_tr02	BOOL	FALSE	etat sectionneur tiroir02

- **FB11 :**

Le bloc fonctionnel FB11 est programmé pour calculer le flux de chaleur échangé par un ventilateur explicité dans **§5.1** chapitre II, voici un aperçu des réseaux programmés :

FB11 : calcul du flux de chaleur echange

Bloc de traitement des défauts

Réseau 1: calcul du coefficient d'echange interieur

Commentaire :

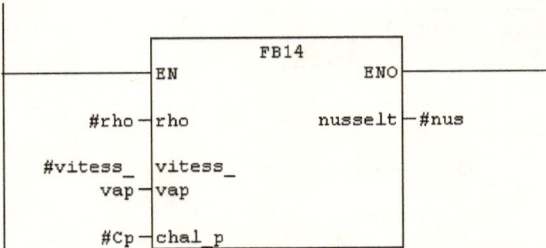

Réseau 4: calcul du coefficient d'echange exterieur

Commentaire :

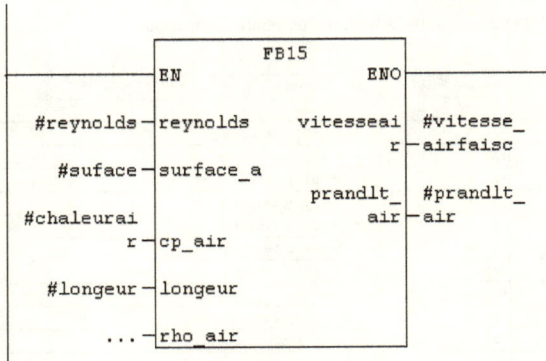

- **FB1 :**

Le bloc fonctionnel FB1 sert à commander l'unité d'aérocondenseur, il fait appel à différents blocs et il est composé de 34 réseaux de programmation dont voici un aperçu :

FB1 : Bloc de commande

Commentaire :

Réseau 1 : commande vantelles

Commentaire :

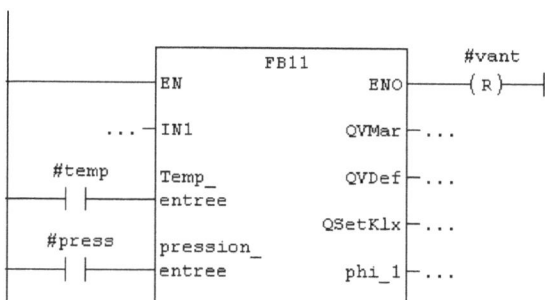

Réseau 4 : commande de la vanne XV1

Commentaire :

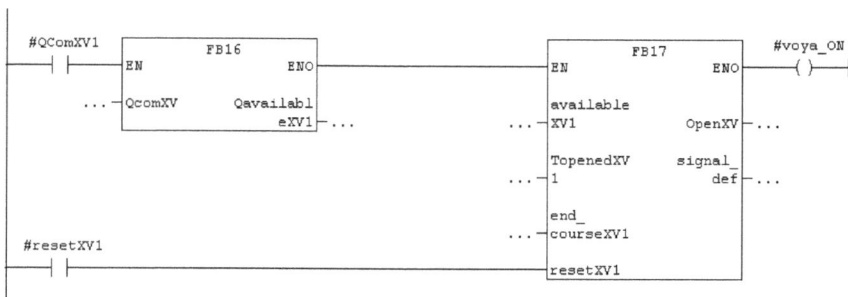

- **FB3 :**

FB3 est un bloc de traitement des défauts, en dessous un aperçu des réseaux qu'il contient :

```
FB3 : Bloc Fonctionnel De Traitement de Défaut
```

```
Bloc de traitement des défauts
```

Réseau 1 : Détection Défaut

```
réseau de détection des défauts:
1- discordence defaut: en mode auto, CPU donne ordre de marche QCom et ne recoit
pas de confirmation Conf OU CPU ne donne pas ordre de marche QCom et recoit
confirmation Conf. une temporisation est enclenchée ITempoDIS; apres Tdisc un
defaut est enclenché.
2- pour reinitialiser le bit MDef, 3 conditions:
* appui impultionel sur bouton effacement defaut IBED
* appui sur bouton arret klaxon MBAK
* disparition defaut (suite à une intervention)
```

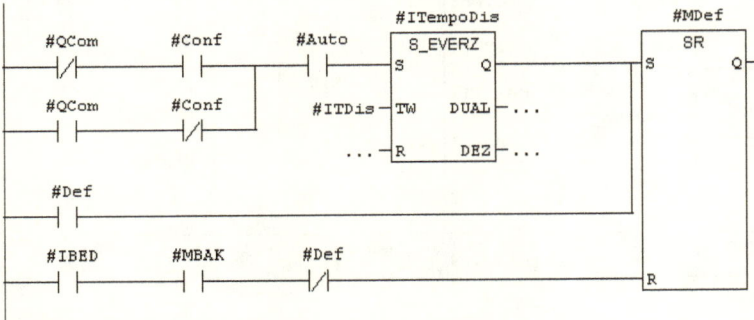

Réseau 2 : Mémorisation de Bouton effacement de défaut

```
mémorisation bouton arret klaxon:
1- memorisation defaut et appui sur bouton arret klaxon
2- effacement de la memorisation arret klaxon par appui bouton arret defaut
```

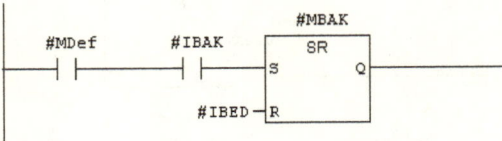

Réseau 3 : Sortie Signalisation Voyant Défaut

```
enclenchement voyant défaut:
activation bit de clignotement et pas de memorisation de bouton arret klaxon ou
memorisation du bouton arret klaxon,
et mémorisation défaut
```

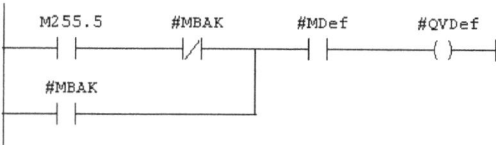

- **OB1 :**

OB1 regroupe les instructions que le programme va exécuter d'une manière cyclique, parmi ces blocs on a :

Réseau 2 : Bloc Fonctionnel de Trait Défaut

Commentaire :

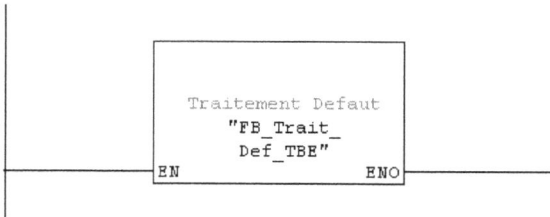

Réseau 4 : Bloc de Démarrage/Arrêt

Commentaire :

Conclusion

Dans ce chapitre, nous avons présenté le logiciel de programmation des automates SIEMENS et donné un aperçu des blocs utilisés lors de la programmation de l'unité d'aérocondenseur avec *STEP7*.

Conclusion Générale

La réalisation de ce projet au sein de la société EPPM, nous a permis de connaitre de près la démarche de résolution des problèmes, surtout dans un projet aussi complexe que la mise en œuvre d'une unité industrielle.

En effet, tout au long de cette période, nous avons fait face à de nombreux problèmes ; les difficultés majeures étant la compréhension du système et l'établissement des séquences de son fonctionnement.

Il a fallu assurer un fonctionnement nominal tout en tenant compte des critères de fiabilité et de disponibilité, être précis et efficace lors de chaque étape du projet et éviter les erreurs en vérifiant les documents et les séquences élaborées.

Un travail minutieux a été fait, ce qui nous a permis d'apprendre une certaine méthodologie d'analyse, une réactivité plus accrue et un sens de déduction plus affuté.

Ce travail nous a permis d'enrichir nos connaissances grâce à un projet pluridisciplinaire et de gagner une certaine polyvalence. Nous avons appris à maitriser un outil d'automatisation et nous avons concrétisé nos connaissances en thermodynamique et instrumentation que nous avons acquis durant nos études académiques au sein de la filière Instrumentation et Maintenance Industrielles à l'INSAT.

La période passée au sein d'EPPM nous a aussi permis d'apprendre les rudiments d'une communication hiérarchique et d'une transmission d'informations efficace et selon les procédures.

Le déplacement sur site nous a nettement aider à mieux assimiler l'envergure du projet et nous a permis d'avoir un avant-gout des responsabilités qui incombent aux ingénieurs.

Bibliographie

[2] Manas B. (2006). *Aéroréfrigérants Secs.*Techniques de l'Ingénieur. B 2 482.

[3] Serth R. (2007). *Process Heat Transfer.* Elsevier Science & Technology Books, Missouri.

[5] Bejan A & Krauss A. (2003). *Heat Transfer Handbook.* John Wiley & Sons, Inc, New Jersey.

[6] Zaghdoudi M.C. (2005). *Cours de Thermodynamique.* INSAT

[7] Bougriou C. (2005). Etude du Récupérateur de Chaleur Croisé à Tubes à Ailette. *Revue Energies Renouvelables*, vol 5, 59-74.

[10] Michel G. (1987). *Les API, Architecture et Application des Automates Programmables Industriels.* DUNOD, Paris.

[12] Manuel SIEMENS. (2005). *Appareils de Terrain pour l'Automatisation des Processus.*

[13] Manuel SIEMENS. (2000). *STEP7, Régulation PID.*

[14] Jargot P. (2006). *Langages de Programmation pour API. Norme IEC 1131-3.* Techniques de l'Ingénieur. S 8 030.

[15] Manuel SIEMENS. (2000). *Programmation avec STEP7.*

[16] Manuel SIEMENS. (2002). *STEP7 PLCSIM, Testez vos Programmes.*

Netographie

[1] www.gct.com.tn, Novembre 2009.

[4] www.wikipédia.com, Octobre 2009.

[8] www.cascadeenergy.com, Octobre 2009.

[9] www.thermexcel.com, Août 2009.

[11] www.siemens.com, Décembre 2009.

[17] www.aluminium.matter.org.uk, Octobre 2009.

LISTE DES ANNEXES

Annexe B

Caractéristiques de la vapeur d'eau saturée : [9]

Pression absolue	Températ. évaporation	Volume massique vapeur	Masse volumique vapeur	Enthalpie spécifique de l'eau (Chaleur sensible)		Enthalpie spécifique de la vapeur (chaleur totale)		Chaleur latente de vaporisation		Chaleur spécifique vapeur	Viscosité dynamique vapeur
bar	°C	m3/kg	kg/m3	kj/kg	Kcal/kg	kj/kg	Kcal/kg	kj/kg	Kcal/kg	kj/kg	kg/m.s
0.02	17.51	67.006	0.015	73.45	17.54	2533.64	605.15	2460.19	587.61	1.8644	0.000010
0.03	24.10	45.667	0.022	101.00	24.12	2545.64	608.02	2444.65	583.89	1.8694	0.000010
0.04	28.98	34.802	0.029	121.41	29.00	2554.51	610.13	2433.10	581.14	1.8736	0.000010
0.05	32.90	28.194	0.035	137.77	32.91	2561.59	611.83	2423.82	578.92	1.8774	0.000010
0.06	36.18	23.741	0.042	151.50	36.19	2567.51	577.05	2416.01	577.05	1.8808	0.000010
0.07	39.02	20.531	0.049	163.38	39.02	2572.62	614.46	2409.24	575.44	1.8840	0.000010
0.08	41.53	18.105	0.055	173.87	41.53	2577.11	615.53	2403.25	574.01	1.8871	0.000010
0.09	43.79	16.204	0.062	183.28	43.78	2581.14	616.49	2397.85	572.72	1.8899	0.000010
0.1	45.83	14.675	0.068	191.84	45.82	2584.78	617.36	2392.94	571.54	1.8927	0.000010
0.2	60.09	7.650	0.131	251.46	60.06	2609.86	623.35	2358.40	563.30	1.9156	0.000011
0.3	69.13	5.229	0.191	289.31	69.10	2625.43	627.07	2336.13	557.97	1.9343	0.000011
0.4	75.89	3.993	0.250	317.65	75.87	2636.88	629.81	2319.23	553.94	1.9506	0.000011
0.5	81.35	3.240	0.309	340.57	81.34	2645.99	631.98	2305.42	550.64	1.9654	0.000012
0.6	85.95	2.732	0.366	359.93	85.97	2653.57	633.79	2293.64	547.83	1.9790	0.000012
0.7	89.96	2.365	0.423	376.77	89.99	2660.07	635.35	2283.30	545.36	1.9919	0.000012
0.8	93.51	2.087	0.479	391.73	93.56	2665.77	636.71	2274.05	543.15	2.0040	0.000012
0.9	96.71	1.869	0.535	405.21	96.78	2670.85	637.92	2265.65	541.14	2.0156	0.000012
1	99.63	1.694	0.590	417.51	99.72	2675.43	639.02	2257.92	539.30	2.0267	0.000012
1.1	102.32	1.549	0.645	428.84	102.43	2679.61	640.01	2250.76	537.59	2.0373	0.000012
1.2	104.81	1.428	0.700	439.36	104.94	2683.44	640.93	2244.08	535.99	2.0476	0.000012
1.3	107.13	1.325	0.755	449.19	107.29	2686.98	641.77	2237.79	534.49	2.0576	0.000013
1.4	109.32	1.236	0.809	458.42	109.49	2690.28	642.56	2231.86	533.07	2.0673	0.000013
1.5	111.37	1.159	0.863	467.13	111.57	2693.36	643.30	2226.23	531.73	2.0768	0.000013
1.5	111.37	1.159	0.863	467.13	111.57	2693.36	643.30	2226.23	531.73	2.0768	0.000013
1.6	113.32	1.091	0.916	475.38	113.54	2696.25	643.99	2220.87	530.45	2.0860	0.000013
1.7	115.17	1.031	0.970	483.22	115.42	2698.97	644.64	2215.75	529.22	2.0950	0.000013
1.8	116.93	0.977	1.023	490.70	117.20	2701.54	645.25	2210.84	528.05	2.1037	0.000013
1.9	118.62	0.929	1.076	497.85	118.91	2703.98	645.83	2206.13	526.92	2.1124	0.000013
2	120.23	0.885	1.129	504.71	120.55	2706.29	646.39	2201.59	525.84	2.1208	0.000013

Annexe C

rev		Date	Par	Verif.	Approb.			Unités SI	Date :	04/11/08	rev
1	A	14/05/08	FCU	XHD		▦ HAMON	**Feuille de données**		Rev :	0	
2	B	20/05/08	FCU	XHD			**AEROREFRIGERANT**		Doc. No	12928-46/1	
3	D	04/11/08	XHD	_CJ					Item n°.	COND. GTA	
						Hamon D'Hondt S.A.					

Client / Acheteur	EPPM / GROUPE CHIMIQUE TUNISIEN					
Implantation	SKHIRA					
Service	AEROCONDENSEUR DE VAPEUR 100 T/H			Nbre	unité(s)	1
Dimensions (larg,L) [m]	34.30	12.4	FORCED	Nbre	baie(s)/Unité	5
Surface/unité-Ailetté	45 678	[m²]	Tubes nus		1971	[m²]
Chaleur échangée	75	[kW]	Différence moyenne effec.de T°		49.6	[°C]
Coef. d'échange-ailetté	32.9	[W/m².K]	Tubes nus (propres/sales)	909 / 763		[W/m².K]

PERFORMANCES - CÔTÉ TUBES

Nom du fluide	Vapeur d'eau				ENTREE	SORTIE	
	ENTREE	SORTIE	Densité (Liq)			938.7	[kg/m³]
Total Fluide	[kg/h]	120 000	Densité (Vap)	1.26			[kg/m³]
Temperature	[°C]	150.0	125.5	Chaleur Spec.(Liq)		4.26	[kJ/kg.K]
Liquide	[kg/h]	0	120 000	Chaleur Spec. (Vap)	2.10		[kJ/kg.K]
Vapeur	[kg/h)MW]	120 000	0	Conduct. (Liq)		0.685	[W/m.K]
Incondensables	[kg/h]			Conduct. (Vap)	0.029		[W/m.K]
Vapeur d'eau	[kg/h]			Pression d'entrée		2.41	[bara]
Eau	[kg/h]			Vitesse dans les tubes[m/s](entrée/sortie)	37.9	0.1	
Viscosité (Liq)	[cP]		0.221	ΔP autorisé/Calc.	/ 0.06		[bar]
Viscosité (Vap)	[cP]	0.014		Facteur d'encrassement		0.00017	[m².K/W]

PERFORMANCES - CÔTE AIR

Quantité d'air, Total	5 886 447	[kg/h]	Vitesse frontale [m/s] - G [kg/m²/s]	3.7	
Quant. d'air/ventil. (act)	149.9	[m³/s]	Altit. [m] -T° Min. ambiant [°C]	10	-5.0
Pression statique	131	[Pa]	Temp. Entrée / Sortie	50.0 / 95.3	[°C]

DESIGN - MATIÈRE - CONSTRUCTION

Pression de calcul	3.00	[barg]	Code Requis	ASME VIII Div 1 (1)
Température de calcul	180	[°C]	**TUBE**	
Pression de test	per code	[barg]	Matière	SA 214 (2)
Largeur de baie [m]	6.86		Diamètre extérieur	25.4 [mm]
Dim. Faisceau (larg,L)[m]	3.35	12.44	Epaisseur	2.11 [mm]
Nbre faisceaux/Unité	10		Nbre/Faisceau	206
Nbre faisceaux/baie	2		Longueur	12.192 [m]
Nbre de rangs de tubes	4		Pas	63.5 [mm]
Nbre de passes	1		**AILETTE**	
Pente des tubes	20	[mm/m]	Type	KLM
COLLECTEUR			Matière	ALUMINIUM
Type	Bouchon		Diamètre extérieur	57.15 [mm]
Matière	A 516 gr 60 ou Eq.		Epaisseur au pied d'ailette	STD [mm]
Type de bouchon	Epaulement		Ailettes par pouce	11 / 433 Nbre/m
Matière bouchon	A 105		**DIVERS**	
Matière joint	Acier doux		Montage structure	Au Sol
Corrosion	2	[mm]	Châssis faisceau	Galvanisé
Qté/taille brides ENTRÉE	2	DN 300	Louvres/persiennes	Oui (Auto)
Qté/taille brides SORTIE	2	DN 100	Interrupteur de vibration/transmetteur	Oui
Série & Face de joint	PN 10		Serpentin vapeur	Non
Vitesse dans les tubulures[m/s]	24.88	0.24	Système de recirculation	Non
ρ*V² (entrée/sortie)[kg/m.s²]	781	54	Soudure tube/plaque tubulaire	Non

EQUIPEMENT MECANIQUE

VENTILATEUR		**MOTEUR ELECTRIQUE**	
Nbre/Baie	2	Nbre/Baie	2
Nbre autovariable/baie	0	Puissance moteur [KW]	45
rev/min	plus tard	rev/min	980 (3)
Diamètre	16 [ft]	Protection	TEFC
Nbre Pales	6 MINI	Volt, Phase,Cycle	380, 3, 50
Matière des pales	ALUMINIUM	**REDUCTEUR DE VITESSE**	
Matière du moyeu	AC or ALUM.	Type	Courroie Crantée
Puissance à l'arbre	29.3 [kW]	Nbre/Baie	2
Puissance à l'arbre,Min. Amb.	34.4 [kW]	Facteur de service	1.8
SPL à 1m à côté	85±2 [dB(A)]	Rapport	plus tard : 1

Notes :
SPL = niveau sonore
(1) PED & ATEX : Non applicable
(2) Ou matière de tube équivalente
(3) Moteur compatible avec des variateurs de vitesse (variateurs hors de notre fourniture)
(4) Un évent supplémentaire de DN 50 est prévu sur le collecteur de sortie

form 0142 rev 1

Date aujourd'hui 04/11/2008	Date du calcul :	Fait par :

Annexe D

Diagramme des propriétés de matériaux : [17]

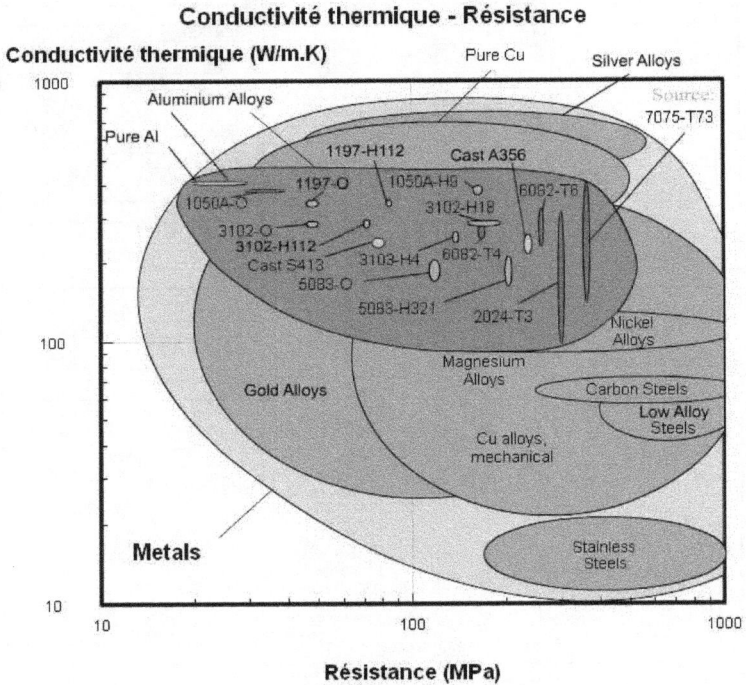

Figure D : Propriétés des matériaux

Annexe E

TORQUE CURVE

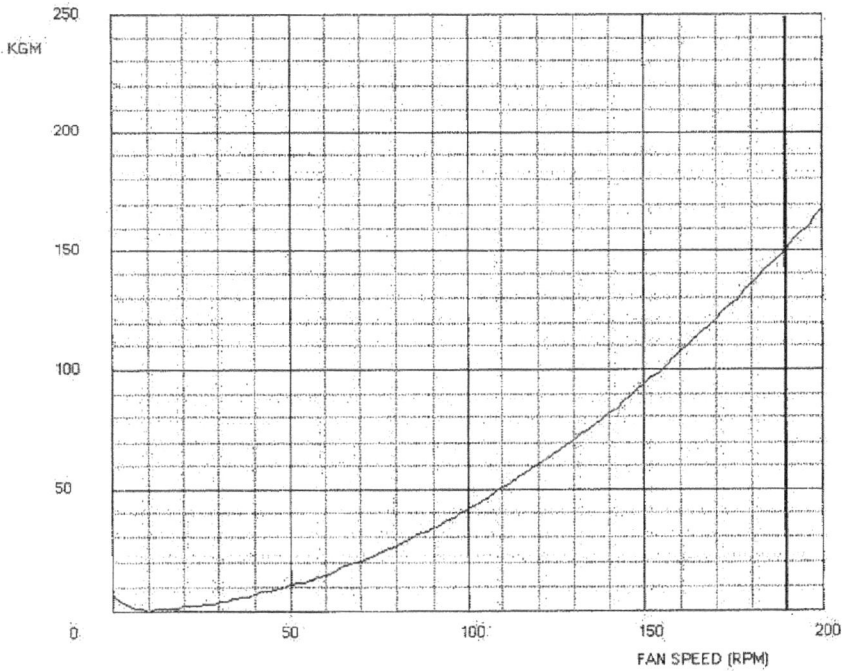

Rotor shaft power 29.5 kW
RPM = 190.0
Torque @ 190.0 rpm = 151.4 kgm

Figure E : $Cr = f(Vr)$ pour le ventilateur

Annexe F

Le protocole MODBUS

Le protocole MODBUS (marque déposée par MODICON) est un protocole de dialogue basé sur une structure hiérarchisée entre un maitre et plusieurs esclaves.

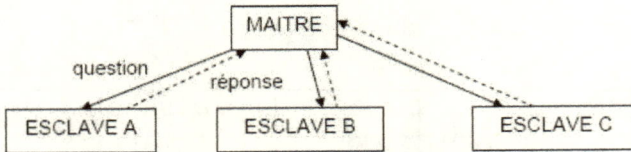

Figure E.1 : Le principe mono maitre du protocole MODBUS

Le protocole MODBUS consiste en la définition de trames d'échange. Le maitre envoie un message constitué de la façon suivante:
• Adresse de l'esclave concerné, pour établir la liaison avec lui,
• Instruction,
• Donnée,
• Contrôle, calculé sur l'ensemble du message et destiné à assurer l'intégrité de l'échange.
Un contrat d'échange doit être crée, et ceci pour définir la table de réception, dédie à l'écriture du maitre dans l'esclave, et une table d'émission pour la lecture du maitre dans l'esclave.

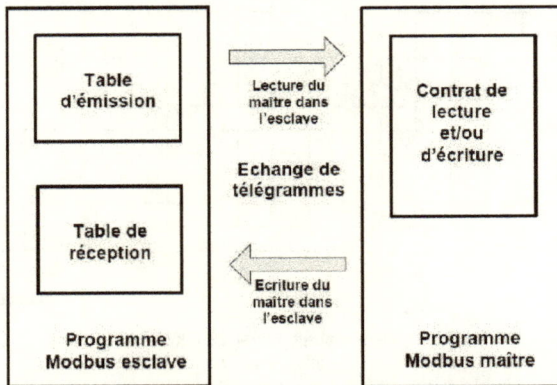

Figure E.2 : Principe des échanges MODBUS

Il existe deux types de dialogue possible en MODBUS :
• Echange maître vers l'esclave,
• Echange Maître vers tous les esclaves (Message Broadcast).

Annexe G

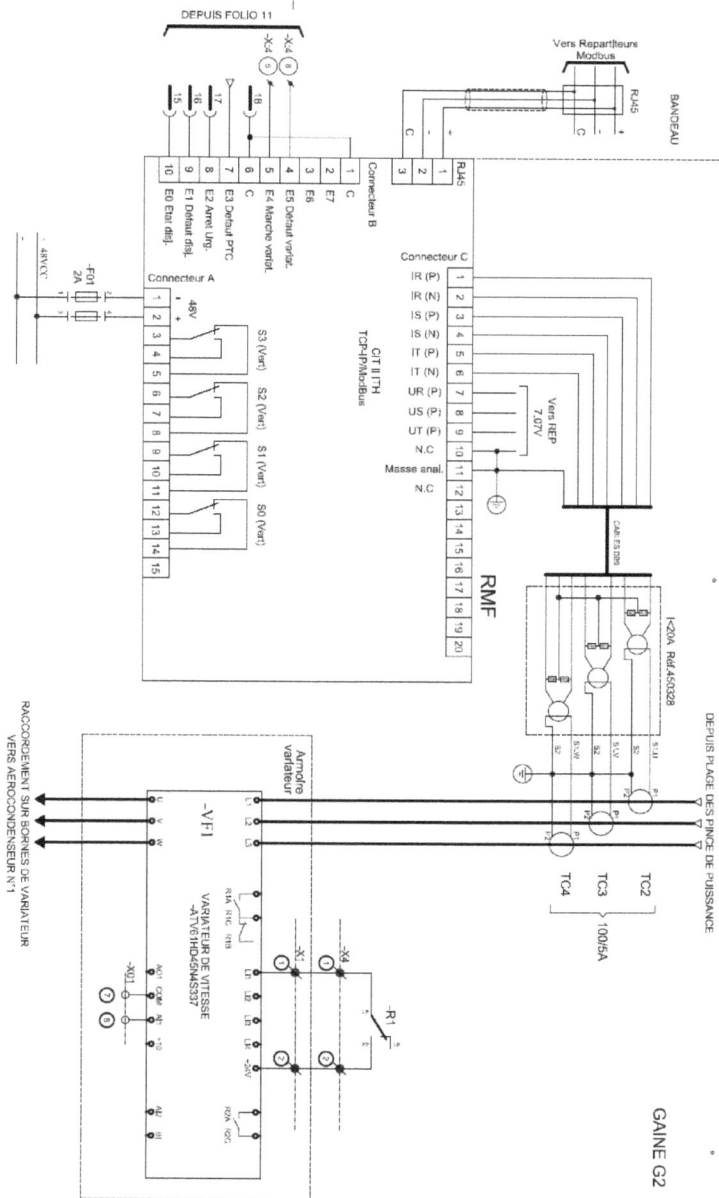

Annexe H

Tableaux d'échange MODBUS

Tiroir A01 (Batterie 1-1)

Description	Type
Défaut sonde PTC	Numérique
Arrêt urgence	Numérique
Défaut disjoncteur	Numérique
Etat disjoncteur	Numérique
Défaut variateur	Numérique
Marche variateur	Numérique

Tiroir A02 (Batterie 1-2)

Description	Type
Défaut PTC	Numérique
Arrêt urgence	Numérique
Etat contacteur	Numérique
Fusion fusible	Numérique
Etat sectionneur	Numérique

Tiroir A03 (Batterie 2-1)

Description	Type
Défaut sonde PTC	Numérique
Arrêt urgence	Numérique
Défaut disjoncteur	Numérique
Etat disjoncteur	Numérique
Défaut variateur	Numérique
Marche variateur	Numérique

Tiroir A04 (Batterie 2-2)

Description	Type
Défaut PTC	Numérique
Arrêt urgence	Numérique
Etat contacteur	Numérique
Fusion fusible	Numérique
Etat sectionneur	Numérique

Tiroir A05 (Batterie 3-1)

Description	Type
Défaut sonde PTC	Numérique
Arrêt urgence	Numérique
Défaut disjoncteur	Numérique
Etat disjoncteur	Numérique
Défaut variateur	Numérique
Marche variateur	Numérique

Tiroir A06 (Batterie 3-2)

Description	Type
Défaut PTC	Numérique
Arrêt urgence	Numérique
Etat contacteur	Numérique
Fusion fusible	Numérique
Etat sectionneur	Numérique

Tiroir A07 (Batterie 4-1)

Description	Type
Défaut sonde PTC	Numérique
Arrêt urgence	Numérique
Défaut disjoncteur	Numérique
Etat disjoncteur	Numérique
Défaut variateur	Numérique
Marche variateur	Numérique

Tiroir A08 (Batterie 4-2)

Description	Type
Défaut PTC	Numérique
Arrêt urgence	Numérique
Etat contacteur	Numérique
Fusion fusible	Numérique
Etat sectionneur	Numérique

Tiroir A09 (Batterie 5-1)

Description	Type
Défaut sonde PTC	Numérique
Arrêt urgence	Numérique
Défaut disjoncteur	Numérique
Etat disjoncteur	Numérique
Défaut variateur	Numérique
Marche variateur	Numérique

Tiroir A10 (Batterie 5-2)

Description	Type
Défaut PTC	Numérique
Arrêt urgence	Numérique
Etat contacteur	Numérique
Fusion fusible	Numérique
Etat sectionneur	Numérique

Tiroir B03 (Pompe Retour Condensât P10/A)

Description	Type
Défaut PTC	Numérique
Arrêt urgence	Numérique
Etat contacteur	Numérique
Fusion fusible	Numérique
Etat sectionneur	Numérique

Tiroir B04 (Pompe Retour Condensât P10/B)

Description	Type
Défaut PTC	Numérique
Arrêt urgence	Numérique
Etat contacteur	Numérique
Fusion fusible	Numérique
Etat sectionneur	Numérique

Boite Jonction Instrumentation

Description	Type
VibroSwitch 1	Numérique
VibroSwitch 2	Numérique
VibroSwitch 3	Numérique
VibroSwitch 4	Numérique
VibroSwitch 5	Numérique
VibroSwitch 6	Numérique
VibroSwitch 7	Numérique
VibroSwitch 8	Numérique
VibroSwitch 9	Numérique
VibroSwitch 10	Numérique

Annexe I

Tableaux des Interlock

Aérocondenseur

Tag capteur / Description		Interlock Démarrage	Interlock Process	Interlock Electrique	Interlock Sécurité USD	Functional Feedback
USD-L-1	Unit Schut Down local -1				X	
USD-L-2	Unit Schut Down local -2				X	
USD-SC	Unit Schut Down Salle de Contrôle				X	
BAU-Batterie 1	Bouton Arrêt D'urgence Batterie 1				X	
BAU-Batterie 2	Bouton Arrêt D'urgence Batterie 2				X	
BAU-Batterie 3	Bouton Arrêt D'urgence Batterie 3				X	
BAU-Batterie 4	Bouton Arrêt D'urgence Batterie 4				X	
BAU-Batterie 5	Bouton Arrêt D'urgence Batterie 5				X	
BAU-RC	Bouton Arrêt D'urgence pompe retour condensat				X	
2130-DJD-10A	Etat disjoncteur (pompe A)	X				
2130-KM-10A	Confirmation contacteur (pompe A)	X				
2130-KA2-10A	Défaut électrique (pompe A)			X		
2130-DJD-10B	Etat disjoncteur (pompe B)	X				
2130-KM-10B	Confirmation contacteur (pompe B)	X				
2130-KA2-10B	Défaut électrique (pompe B)			X		
2130-DJ-F10-1	Etat disjoncteur (Batterie 1-1)	X				
2130-KA2-VF10-1	Variateur de Fréquence en Défaut (Batterie1)			X		
2130-DJ-F10-2	Etat disjoncteur (Batterie 1-2)	X				
2130-KM-F10-2	Confirmation Contacteur (Batterie 1)	X				
2130-KA2-F10-2	Défaut Electrique (Batterie 1)			X		
2130-DJ-F10-3	Etat disjoncteur (Batterie 2-1)	X				
2130-KA2-VF10-3	Variateur de Fréquence en Défaut (Batterie2)			X		
2130-DJ-F10-4	Etat disjoncteur (Batterie 2-2)	X				
2130-KM-F10-4	Confirmation Contacteur (Batterie 2)	X				
2130-KA2-F10-4	Défaut Electrique (Batterie 2)			X		
2130-DJ-F10-5	Etat disjoncteur (Batterie 3-1)	X				
2130-KA2-VF10-5	Variateur de Fréquence en Défaut (Batterie3)			X		
2130-DJ-F10-6	Etat disjoncteur (Batterie 3-2)	X				
2130-KM-F10-6	Confirmation Contacteur (Batterie 3)	X				
2130-KA2-F10-6	Défaut Electrique (Batterie 3)			X		
2130-DJ-F10-7	Etat disjoncteur (Batterie 4-1)	X				
2130-KA2-VF10-7	Variateur de Fréquence en Défaut (Batterie4)			X		
2130-DJ-F10-8	Etat disjoncteur (Batterie 4-2)	X				
2130-KM-F10-8	Confirmation Contacteur (Batterie 4)	X				
2130-KA2-F10-8	Défaut Electrique (Batterie 4)			X		
2130-DJ-F10-9	Etat disjoncteur (Batterie 5-1)	X				
2130-KA2-VF10-9	Variateur de Fréquence en Défaut (Batterie5)			X		
2130-DJ-F10-10	Etat disjoncteur (Batterie 5-2)	X				
2130-KM-F10-10	Confirmation Contacteur (Batterie 5)	X				
2130-KA2-F10-10	Défaut Electrique (Batterie 5)			X		
ZSH-XV001	Fin de Course Fermeture vanne XV001		X			
ZSH-XV002	Fin de Course Fermeture vanne XV002		X			
ZSH-XV003	Fin de Course Fermeture vanne XV003		X			
ZSH-XV004	Fin de Course Fermeture vanne XV004		X			
2130LSL001	Contacteur de Niveau Bas		X			
SA-F10-1-1	Sélecteur en mode Automatique B1-1		X			
SA-F10-1-2	Sélecteur en mode Automatique B1-2		X			
SA-F10-2-1	Sélecteur en mode Automatique B2-1		X			

Aérocondenseur

Tag capteur / Description		Actions				
		Interlock Démarrage	Interlock Process	Interlock Electrique	Interlock Sécurité USD	Functional Feedback
SA-F10-2-2	Sélecteur en mode Automatique B2-2		X			
SA-F10-3-1	Sélecteur en mode Automatique B3-1		X			
SA-F10-3-2	Sélecteur en mode Automatique B3-2		X			
SA-F10-4-1	Sélecteur en mode Automatique B4-1		X			
SA-F10-4-2	Sélecteur en mode Automatique B4-2		X			
SA-F10-5-1	Sélecteur en mode Automatique B5-1		X			
SA-F10-5-2	Sélecteur en mode Automatique B5-2		X			
SA-P10-A	Sélecteur en mode Automatique P-A		X			
SA-P10-B	Sélecteur en mode Automatique P-B		X